投考公務員
題解 EASY PASS
基本法及國安法測試

Mark Sir 著

Common Recruitment Examination
and Basic Law / National Security Law Test

前言

　　根據香港政府公務員事務局近年的公佈，退休公務員人數近年持續增加，到2023年更是公務員退休的高峰期。

　　每年政府透過兩次CRE公務員綜合招聘考試招攬一眾精英，其中「基本法測試」旨在測試應徵者對《基本法》的認識。基本法測試的成績會用作評核應徵者整體表現的其中一個考慮因素，透過筆試或面試測試應徵者對《基本法》（包括所有附件及夾附的資料）的認識。

　　若然屬於學位或專業程度公務員職位的基本法測試，會由公務員事務局舉辦，並與綜合招聘考試同日進行。基本法測試的成績會佔應徵者整體表現評分的一個適當比重。

　　上述的基本法測試是一張設有中、英文版本的選擇題試卷，全卷共15題，考生須於20分鐘內完成。基本法測試並無設定及格分數，滿分為100分。公務員事務局會通知個別考生其基本法測試的成績，有關成績永久有效，並可用於申請學位或專業程度的公務員職位，或學歷要求於中五程度或以上，但低於學位程度的公務員職位。應徵者亦可選擇再次申請參加下一輪基本法測試。

因此，為要晉身成為薪優糧準的公務員團隊一員，不可缺的就是為招聘考試前作好準備。本書清晰詳列《基本法》條文，方便考生隨時翻閱，與歷屆重點試題反補充練習對應溫習，助你輕鬆掌握條文內容。

CONTENT 目錄

PART I CRE
輕鬆認識

認識公務員綜合招聘考試

公務員綜合招聘考試 (CRE)
科目包括:

- 英文運用
- 中文運用
- 能力傾向測試
- 《基本法》知識測試

入職要求

- 應徵學位或專業程度公務員職位者,須在綜合招聘考試的英文運用及中文運用兩張試卷取得二級或一級成績,以符合有關職位的一般語文能力要求。
- 個別進行招聘的政府部門/職系會於招聘廣告中列明有關職位在英文運用及中文運用試卷所需的成績。
- 在英文運用及中文運用試卷取得二級成績的應徵者,會被視為已符合所有學位或專業程度職系的一般語文能力要求。
- 部分學位或專業程度公務員職位要求應徵者除具備英文運用及中文運用試卷的所需成績外,亦須在能力傾向測試中取得及格成績。

基本法及香港國安法測試與公務員招聘

就所有由2022年7月1日起刊登的公務員職位招聘，在《基本法及香港國安法》測試取得及格成績是所有公務員職位的入職條件。

《基本法及香港國安法》測試會考核申請人的《基本法》及《香港國安法》知識。無論公務員職位申請人過往曾否參加由公務員事務局舉辦的《基本法》測試或在個別局/部門公務員職位（學位/專業程度職系）招聘過程中安排的《基本法》測試及取得何等成績，都必須在《基本法及香港國安法》測試中取得及格成績，方會獲考慮聘用。

過往曾參加任何《基本法》測試的人士如欲應徵2022年7月1日起刊登 的公務員職位招聘，亦須參加《基本法及香港國安法》測試並取得及格成績，方會獲考慮聘用。

考試模式

I. 英文運用

考試模式：

全卷共40題選擇題，限時45分鐘

試題類型：

* Comprehension
* Error Identification
* Sentence Completion
* Paragraph Improvement

評分標準：

成績分為二級、一級及格或不及格，二級為最高等級

擁有以下資歷者可等同獲CRE英文運用考試的二級成績，並可豁免考試：

* 香港中學文憑考試英國語文科5級或以上成績
* 香港高級程度會考英語運用科或 General Certificate of Education (Advanced Level) (GCE ALevel) English Language 科C級或以上成績
* 在International English Language Testing System(IELTS)學術模式整體分級取得6.5或以上，並在同一次考試中各項個別分級取得不低於6的人士，在考試成績的兩年有效期內，其IELTS成績可獲接納為等同綜合招聘考試英文運用試卷的二級成績。

擁有以下資歷者可等同獲CRE英文運用考試的一級成績：

- 香港中學文憑考試英國語文科4級成績
- 香港高級程度會考英語運用科或GCE ALevel English Language 科D級成績

* 備註：持有上述成績者，可因應有意投考的公務員職位的要求，決定是否需要報考英文運用試卷。

II. 中文運用

考試模式：

全卷共45題選擇題，限時45分鐘

試題類型：

- 閱讀理解
- 字詞辨識
- 句子辨析
- 詞句運用

評分標準：

成績分為二級、一級或不及格，二級為最高等級

擁有以下資歷者可等同獲CRE中文運用考試的二級成績，並可豁免考試：

- 香港中學文憑考試中國語文科5級或以上成績
- 香港高級程度會考中國語文及文化、中國語言文學或中國語

文科C級或以上成績

擁有以下資歷者可等同獲CRE中文運用考試的一級成績：

- 香港中學文憑考試中國語文科4級成績

- 香港高級程度會考中國語文及文化、中國語言文學或中國語文科D級成績

*備註：持有上述成績者，可因應有意投考的公務員職位的要求，決定是否需要報考中文運用試卷。

III. 能力傾向測試

考試模式：

全卷共35題選擇題，限時45分鐘

試題類型：

- 演繹推理

- Verbal Reasoning (English)

- Numerical Reasoning

- Data Sufficiency Test

- Interpretation of Tables and Graphs

評分標準：

成績分為及格或不及格

IV.《基本法及香港國安法》測試

　　《基本法及香港國安法》測試（學位/專業程度職系）是一張設有中英文版本的選擇題形式試卷，全卷共20題，考生須於30分鐘內完成。申請人如在20題中答對10題或以上，會被視為取得《基本法及香港國安法》測試的及格成績，有關成績可用於申請所有公務員職位。

　　持有《基本法及香港國安法》測試及格成績的申請人，日後將不會被安排再次應考《基本法及香港國安法》測試。

《基本法及香港國安法》測試分為三個類別

《基本法及香港國安法》測試會分為三個類別，每個類別的測試形式、答題時限和題目數目都不一樣。三個類別會這樣劃分：

第一類：學位/ 專業程度職系

這個類別的測試適用於學歷為擁有學位或專業程度職系資格的人士，測試將會在「綜合招聘考試」同一天進行。

- 考試形式以筆試進行，全卷共20題，設有中、英文題目，須在30分鐘內完成
- 答對10題或以上就被視為合格
- 合格者，可申請所有公務員職位

第二類：學歷要求定於完成中學階段程度或以上但低於學位/ 專業程度職系

這個類別的測試適用於學歷低於學位/ 專業程度的人士，測試將會在你應徵時的遴選面試中進行。

- 考試形式以筆試進行，全卷共20題，設有中、英文題目，須在35分鐘內完成
- 答對10題或以上就被視為合格
- 合格者，可以申請所有學歷要求低於學位/專業程度的公務員

職位

第三類：學歷要求低於完成中學階段程度職系

這個類別的測試適用於學歷低於完成中學階段程度的人士，測試將會在你投考公務員時的遴選面試中進行。

- 考試形式就以口頭形式去提問，面試官會問4條問題，答對兩條或以上，就被視為合格

- 合格者，可以申請所有學歷要求低於完成中學階段程度的公務員職位

職系及入職職級名單及所需綜合招聘考試成績

	職系	入職職級	英文運用	中文運用	能力傾向測試
1.	會計主任	二級會計主任	二級	一級	及格
2.	政務主任	政務主任	二級	二級	及格
3.	農業主任	助理農業主任/ 農業主任	一級	一級	及格
4.	系統分析/ 程序編製主任	二級系統分析/ 程序編製主任	二級	一級	及格
5.	建築師	助理建築師/ 建築師	一級	一級	及格
6.	政府檔案處主任	政府檔案處助理主任	二級	二級	-
7.	評稅主任	助理評稅主任	二級	二級	及格
8.	審計師	審計師	二級	二級	及格
9.	屋宇裝備工程師	助理屋宇裝備工程師/ 屋宇裝備工程師	一級	一級	及格
10.	屋宇測量師	助理屋宇測量師/ 屋宇測量師	一級	一級	及格
11.	製圖師	助理製圖師/ 製圖師	一級	一級	-
12.	化驗師	化驗師	一級	一級	及格
13.	臨床心理學家（衛生署、入境事務處）	臨床心理學家（衛生署、入境事務處）	一級	一級	-
14.	臨床心理學家（社會福利署）	臨床心理學家（社會福利署）	二級	一級	及格
15.	臨床心理學家（懲教署、消防處、香港警務處）	臨床心理學家（懲教署、消防處、香港警務處）	一級	一級	-
16.	法庭傳譯主任	法庭二級傳譯主任	二級	二級	及格
17.	館長	二級助理館長	二級	一級	-
18.	牙科醫生	牙科醫生	一級	一級	-
19.	營養科主任	營養科主任	一級	一級	-
20.	經濟主任	經濟主任	二級	二級	-
21.	教育主任（懲教署）	助理教育主任（懲教署）	二級	二級	-
22.	教育主任（教育局、社會福利署）	助理教育主任（教育局、社會福利署）	二級	二級	-
23.	教育主任（行政）	助理教育主任（行政）	二級	二級	-
24.	機電工程師（機電工程署）	助理機電工程師/ 機電工程師（機電工程署）	一級	一級	及格
25.	機電工程師（創新科技署）	助理機電工程師/ 機電工程師（創新科技署）	一級	一級	-
26.	電機工程師（水務署）	助理電機工程師/ 機電工程師（水務署）	一級	一級	及格
27.	電子工程師（民航署、機電工程署）	助理電子工程師/ 電子工程師（民航署、機電工程署）	一級	一級	及格
28.	電子工程師（創新科技署）	助理電子工程師/ 電子工程師（創新科技署）	一級	一級	-
29.	工程師	助理工程師/ 工程師	一級	一級	及格
30.	娛樂事務管理主任	娛樂事務管理主任	二級	二級	及格
31.	環境保護主任	助理環境保護主任/ 環境保護主任	二級	二級	及格
32.	產業測量師	助理產業測量師/ 產業測量師	一級	一級	-

	職系	入職職級	英文運用	中文運用	能力傾向測試
33.	審查主任	審查主任	二級	二級	及格
34.	行政主任	二級行政主任	二級	二級	及格
35.	學術主任	學術主任	一級	一級	-
36.	漁業主任	助理漁業主任/ 漁業主任	一級	一級	及格
37.	警察福利主任	警察助理福利主任	二級	二級	-
38.	林務主任	助理林務主任/ 林務主任	一級	一級	及格
39.	土力工程師	助理土力工程師/ 土力工程師	一級	一級	及格
40.	政府律師	政府律師	二級	一級	
41.	政府車輛事務經理	政府車輛事務經理	一級	一級	
42.	院務主任	二級院務主任	二級	二級	及格
43.	新聞主任（美術設計）/（攝影）	助理新聞主任（美術設計）/（攝影）	一級	一級	
44.	新聞主任（一般工作）	助理新聞主任（一般工作）	二級	二級	及格
45.	破產管理主任	二級破產管理主任	二級	二級	及格
46.	督學（學位）	助理督學（學位）	二級	二級	及格
47.	知識產權審查主任	二級知識產權審查主任	二級	二級	及格
48.	投資促進主任	投資促進主任	二級	二級	及格
49.	勞工事務主任	二級助理勞工事務主任	二級	二級	及格
50.	土地測量師	助理土地測量師/ 土地測量師	一級	一級	-
51.	園境師	助理園境師/ 園境師	一級	一級	及格
52.	法律翻譯主任	法律翻譯主任	二級	二級	-
53.	法律援助律師	法律援助律師	二級	二級	及格
54.	圖書館館長	圖書館助理館長	二級	二級	及格
55.	屋宇保養測量師	助理屋宇保養測量師/ 屋宇保養測量師	一級	一級	及格
56.	管理參議主任	二級管理參議主任	二級	二級	及格
57.	文化工作經理	文化工作副經理	二級	二級	及格
58.	機械工程師	助理機械工程師/ 機械工程師	一級	一級	及格
59.	醫生	醫生	一級	一級	-
60.	職業環境衞生師	助理職業環境衞生師/ 職業環境衞生師	一級	一級	及格
61.	法定語文主任	二級法定語文主任	二級	二級	
62.	民航事務主任（民航行政管理）	助理民航事務主任（民航行政管理）/民航事務主任（民航行政管理）	二級	二級	及格
63.	防治蟲鼠主任	助理防治蟲鼠主任/ 防治蟲鼠主任	一級	一級	及格
64.	藥劑師	藥劑師	一級	一級	-
65.	物理學家	物理學家	一級	一級	及格
66.	規劃師	助理規劃師/ 規劃師	二級	二級	及格
67.	小學學位教師	助理小學學位教師	二級	二級	及格
68.	工料測量師	助理工料測量師/ 工料測量師	一級	一級	及格

	職系	入職職級	英文運用	中文運用	能力傾向測試
69.	規管事務經理	規管事務經理	一級	一級	-
70.	科學主任	科學主任	一級	一級	-
71.	科學主任（醫務）（衛生署）	科學主任（醫務）（衛生署）	一級	一級	-
72.	科學主任（醫務）（然護理署、食物環境衛生署）漁農自	科學主任（醫務）（漁農自然護理署、食物環境衛生署）	一級	一級	及格
73.	管理值班工程師	管理值班工程師	一級	一級	-
74.	船舶安全主任	船舶安全主任	一級	一級	-
75.	即時傳譯主任	即時傳譯主任	二級	二級	-
76.	社會工作主任	助理社會工作主任	二級	二級	及格
77.	律師	律師	二級	二級	-
78.	專責教育主任	二級專責教育主任	二級	二級	-
79.	言語治療主任（衛生署）	言語治療主任（衛生署）	一級	一級	-
80.	言語治療主任(教育局)	言語治療主任(教育局)	二級	二級	-
81.	統計師	統計師	二級	二級	及格
82.	結構工程師	助理結構工程師/ 結構工程師	一級	一級	及格
83.	電訊工程師（香港警務處、通訊事務管理局辦公室、香港電台）	助理電訊工程師/ 電訊工程師（香港警務處、通訊事務管理局辦公室、香港電台）	一級	一級	-
84.	電訊工程師（消防處）	高級電訊工程師（消防處）	一級	一級	-
85.	城市規劃師	助理城市規劃師/ 城市規劃師	二級	二級	及格
86.	貿易主任	二級助理貿易主任	二級	二級	及格
87.	訓練主任	二級訓練主任	二級	二級	及格
88.	運輸主任	二級運輸主任	二級	二級	及格
89.	庫務會計師	庫務會計師	二級	二級	及格
90.	物業估價測量師	助理物業估價測量師/ 物業估價測量師	一級	一級	及格
91.	水務化驗師	水務化驗師	一級	一級	及格

註：1. 除非有關招聘廣告另有訂明，上述職系/ 入職職級的申請人須先取得所需的綜合招聘考試成績。

2. 申請人應小心閱讀有關的公務員職位招聘廣告，或有需要時聯絡招聘部門，知悉有關職位所需的入職條件，以便決定所需報考的試卷。

3. 政策局/ 部門偶爾會為晉升職級職位舉辦直接招聘工作，這些職位未必有載列於上表。申請人應小心閱讀有關的公務員職位招聘廣告，或有需要時聯絡招聘部門，知悉有關職位所需的入職條件(包括是否需要取得綜合招聘考試成績)。

資料截至2020年11月

PART II 基本法全文

序言

香港自古以來就是中國的領土，一八四〇年鴉片戰爭以後被英國佔領。一九八四年十二月十九日，中英兩國政府簽署了關於香港問題的聯合聲明，確認中華人民共和國政府於一九九七年七月一日恢復對香港行使主權，從而實現了長期以來中國人民收回香港的共同願望。

為了維護國家的統一和領土完整，保持香港的繁榮和穩定，並考慮到香港的歷史和現實情況，國家決定，在對香港恢復行使主權時，根據中華人民共和國憲法第三十一條的規定，設立香港特別行政區，並按照"一個國家，兩種制度"的方針，不在香港實行社會主義的制度和政策。國家對香港的基本方針政策，已由中國政府在中英聯合聲明中予以闡明。

根據中華人民共和國憲法，全國人民代表大會特制定中華人民共和國香港特別行政區基本法，規定香港特別行政區實行的制度，以保障國家對香港的基本方針政策的實施。

第一章：總則

第一條
香港特別行政區是中華人民共和國不可分離的部分。

第二條
全國人民代表大會授權香港特別行政區依照本法的規定實行高度自治，享有行政管理權、立法權、獨立的司法權和終審權。

第三條
香港特別行政區的行政機關和立法機關由香港永久性居民依照本法有關規定組成。

第四條
香港特別行政區依法保障香港特別行政區居民和其他人的權利和自由。

第五條
香港特別行政區不實行社會主義制度和政策，保持原有的資本主義制度和生活方式，五十年不變。

第六條
香港特別行政區依法保護私有財產權。

第七條
香港特別行政區境內的土地和自然資源屬於國家所有，由香港特別行政區政府負責管理、使用、開發、出租或批給個人、法人或團體使用或開發，其收入全歸香港特別行政區政府支配。

第八條
香港原有法律，即普通法、衡平法、條例、附屬立法和習慣法，除同本法相抵觸或經香港特別行政區的立法機關作出修改者外,予以保留。

第九條

香港特別行政區的行政機關、立法機關和司法機關,除使用中文外,還可使用英文,英文也是正式語文。

第十條

香港特別行政區除懸掛中華人民共和國國旗和國徽外,還可使用香港特別行政區區旗和區徽。

香港特別行政區的區旗是五星花蕊的紫荊花紅旗。

香港特別行政區的區徽,中間是五星花蕊的紫荊花,周圍寫有「中華人民共和國香港特別行政區」和英文「香港」。

第十一條

根據中華人民共和國憲法第三十一條,香港特別行政區的制度和政策,包括社會、經濟制度,有關保障居民的基本權利和自由的制度,行政管理、立法和司法方面的制度,以及有關政策,均以本法的規定為依據。

香港特別行政區立法機關制定的任何法律,均不得同本法相抵觸。

第二章:中央和香港特別行政區的關係

第十二條

香港特別行政區是中華人民共和國的一個享有高度自治權的地方行政區域,直轄於中央人民政府。

第十三條

中央人民政府負責管理與香港特別行政區有關的外交事務。

中華人民共和國外交部在香港設立機構處理外交事務。

中央人民政府授權香港特別行政區依照本法自行處理有關的對外事務。

第十四條

中央人民政府負責管理香港特別行政區的防務。

香港特別行政區政府負責維持香港特別行政區的社會治安。

中央人民政府派駐香港特別行政區負責防務的軍隊不干預香港特別行政區的地方事務。香港特別行政區政府在必要時，可向中央人民政府請求駐軍協助維持社會治安和救助災害。

駐軍人員除須遵守全國性的法律外，還須遵守香港特別行政區的法律。

駐軍費用由中央人民政府負擔。

第十五條

中央人民政府依照本法第四章的規定任命香港特別行政區行政長官和行政機關的主要官員。

第十六條

香港特別行政區享有行政管理權，依照本法的有關規定自行處理香港特別行政區的行政事務。

第十七條

香港特別行政區享有立法權。

香港特別行政區的立法機關制定的法律須報全國人民代表大會常務委員會備案。備案不影響該法律的生效。

全國人民代表大會常務委員會在徵詢其所屬的香港特別行政區基本法委員會後，如認為香港特別行政區立法機關制定的任何法律不符合本法關於中央管理的事務及中央和香港特別行政區的關係的條款，可將有關法律發回，但不作修改。經全國人民代表大會常務委員會發回的法律立即失效。該法律的失效，除香港特別行政區的法律另有規定外，無溯及力。

第十八條

在香港特別行政區實行的法律為本法以及本法第八條規定的香港原有法律和香港特別行政區立法機關制定的法律。

全國性法律除列於本法附件三者外，不在香港特別行政區實施。凡列於本法附件三之法律，由香港特別行政區在當地公布或立法實施。

全國人民代表大會常務委員會在徵詢其所屬的香港特別行政區基本法委員會和香港特別行政區政府的意見後，可對列於本法附件三的法律作出增減，任何列入附件三的法律，限於有關國防、外交和其他按本法規定不屬於香港特別行政區自治範圍的法律。

全國人民代表大會常務委員會決定宣佈戰爭狀態或因香港特別行政區內發生香港特別行政區政府不能控制的危及國家統一或安全的動亂而決定香港特別行政區進入緊急狀態，中央人民政府可發佈命令將有關全國性法律在香港特別行政區實施。

第十九條

香港特別行政區享有獨立的司法權和終審權。

香港特別行政區法院除繼續保持香港原有法律制度和原則對法院審判權所作的限制外，對香港特別行政區所有的案件均有審判權。

香港特別行政區法院對國防、外交等國家行為無管轄權。香港特別行政區法院在審理案件中遇有涉及國防、外交等國家行為的事實問題，應取得行政長官就該等問題發出的證明文件，上述文件對法院有約束力。行政長官在發出證明文件前，須取得中央人民政府的證明書。

第二十條

香港特別行政區可享有全國人民代表大會和全國人民代表大會常務委員會及中央人民政府授予的其他權力。

第二十一條

香港特別行政區居民中的中國公民依法參與國家事務的管理。

根據全國人民代表大會確定的名額和代表產生辦法，由香港特別行政區居民中的中國公民在香港選出香港特別行政區的全國人民代表大會代表，參加最高國家權力機關的工作。

第二十二條

中央人民政府所屬各部門、各省、自治區、直轄市均不得干預香港特別行政區根據本法自行管理的事務。

中央各部門、各省、自治區、直轄市如需在香港特別行政區設立機構，須徵得香港特別行政區政府同意並經中央人民政府批准。

中央各部門、各省、自治區、直轄市在香港特別行政區設立的一切機構及其人員均須遵守香港特別行政區的法律。

*中國其他地區的人進入香港特別行政區須辦理批准手續，其中進入香港特別行政區定居的人數由中央人民政府主管部門徵求香港特別行政區政府的意見後確定。

香港特別行政區可在北京設立辦事機構。

第二十三條

香港特別行政區應自行立法禁止任何叛國、分裂國家、煽動叛亂、顛覆中央人民政府及竊取國家機密的行為，禁止外國的政治性組織或團體在香港特別行政區進行政治活動，禁止香港特別行政區的政治性組織或團體與外國的政治性組織或團體建立聯繫。

註 * 參閱《全國人民代表大會常務委員會關於〈中華人民共和國香港特別行政區基本法〉第二十二條第四款和第二十四條第二款第 (三) 項的解釋》(1999 年 6 月 26 日第九屆全國人民代表大會常務委員會第十次會議通過)(見文件十七)

第三章：居民的基本權利和義務

第二十四條

香港特別行政區居民，簡稱香港居民，包括永久性居民和非永久性居民。

「香港特別行政區永久性居民」為：

（一） 在香港特別行政區成立以前或以後在香港出生的中國公民

（二） 在香港特別行政區成立以前或以後在香港通常居住連續七年以上的中國公民

＊（三） 第（一）、（二）兩項所列居民在香港以外所生的中國籍子女

（四） 在香港特別行政區成立以前或以後持有效旅行證件進入香港、在香港通常居住連續七年以上並以香港為永久居住地的非中國籍的人

（五） 在香港特別行政區成立以前或以後第（四）項所列居民在香港所生的未滿二十一周歲的子女

（六） 第（一）至（五）項所列居民以外在香港特別行政區成立以前只在香港有居留權的人。

以上居民在香港特別行政區享有居留權和有資格依照香港特別行政區法律取得載明其居留權的永久性居民身份證。

香港特別行政區非永久性居民為：有資格依照香港特別行政區法律取得香港居民身份證，但沒有居留權的人。

第二十五條

香港居民在法律面前一律平等。

第二十六條

香港特別行政區永久性居民依法享有選舉權和被選舉權。

第二十七條

香港居民享有言論、新聞、出版的自由，結社、集會、遊行、示威的自由，組織和參加工會、罷工的權利和自由。

第二十八條

香港居民的人身自由不受侵犯。

香港居民不受任意或非法逮捕、拘留、監禁。禁止任意或非法搜查居民的身體、剝奪或限制居民的人身自由。禁止對居民施行酷刑、任意或非法剝奪居民的生命。

第二十九條

香港居民的住宅和其他房屋不受侵犯。禁止任意或非法搜查、侵入居民的住宅和其他房屋。

第三十條

香港居民的通訊自由和通訊秘密受法律的保護。除因公共安全和追查刑事犯罪的需要，由有關機關依照法律程序對通訊進行檢查外，任何部門或個人不得以任何理由侵犯居民的通訊自由和通訊秘密。

第三十一條

香港居民有在香港特別行政區境內遷徙的自由，有移居其他國家和地區的自由。香港居民有旅行和出入境的自由。有效旅行證件的持有人，除非受到法律制止，可自由離開香港特別行政區，無需特別批准。

第三十二條

香港居民有信仰的自由。

香港居民有宗教信仰的自由，有公開傳教和舉行、參加宗教活動的自由。

第三十三條

香港居民有選擇職業的自由。

第三十四條

香港居民有進行學術研究、文學藝術創作和其他文化活動的自由。

第三十五條

香港居民有權得到秘密法律諮詢、向法院提起訴訟、選擇律師及時保護自己的合法權益或在法庭上為其代理和獲得司法補救。

香港居民有權對行政部門和行政人員的行為向法院提起訴訟。

第三十六條

香港居民有依法享受社會福利的權利。勞工的福利待遇和退休保障受法律保護。

第三十七條

香港居民的婚姻自由和自願生育的權利受法律保護。

第三十八條

香港居民享有香港特別行政區法律保障的其他權利和自由。

第三十九條

《公民權利和政治權利國際公約》、《經濟、社會與文化權利的國際公約》和國際勞工公約適用於香港的有關規定繼續有效,通過香港特別行政區的法律予以實施。

香港居民享有的權利和自由,除依法規定外不得限制,此種限制不得與本條第一款規定抵觸。

第四十條

「新界」原居民的合法傳統權益受香港特別行政區的保護。

第四十一條

在香港特別行政區境內的香港居民以外的其他人，依法享有本章規定的香港居民的權利和自由。

第四十二條

香港居民和在香港的其他人有遵守香港特別行政區實行的法律的義務。

註：* 參閱《全國人民代表大會常務委員會關於〈中華人民共和國香港特別行政區基本法〉第二十二條第四款和第二十四條第二款第（三）項的解釋》（1999年6月26日第九屆全國人民代表大會常務委員會第十次會議通過）（見文件十七）

第四章：政治體制

第一節：行政長官

第四十三條

香港特別行政區行政長官是香港特別行政區的首長，代表香港特別行政區。
香港特別行政區行政長官依照本法的規定對中央人民政府和香港特別行政區負責。

第四十四條

香港特別行政區行政長官由年滿四十周歲，在香港通常居住連續滿二十年並在外國無居留權的香港特別行政區永久性居民中的中國公民擔任。

第四十五條

香港特別行政區行政長官在當地通過選舉或協商產生，由中央人民政府任命。

行政長官的產生辦法根據香港特別行政區的實際情況和循序漸進的原則而規定，最終達至由一個有廣泛代表性的提名委員會按民主程序提名後普選產生的目標。

行政長官產生的具體辦法由附件一《香港特別行政區行政長官的產生辦法》規定。

第四十六條

香港特別行政區行政長官任期五年，可連任一次。

第四十七條

香港特別行政區行政長官必須廉潔奉公、盡忠職守。

行政長官就任時應向香港特別行政區終審法院首席法官申報財產，記錄在案。

第四十八條

香港特別行政區行政長官行使下列職權：

（一） 領導香港特別行政區政府

（二） 負責執行本法和依照本法適用於香港特別行政區的其他法律

（三） 簽署立法會通過的法案，公布法律

簽署立法會通過的財政預算案，將財政預算、決算報中央人民政府備案

（四） 決定政府政策和發布行政命令

（五） 提名並報請中央人民政府任命下列主要官員：各司司長、副司長，各局局長，廉政專員，審計署署長，警務處處長，入境事

務處處長，海關關長；建議中央人民政府免除上述官員職務

（六） 依照法定程序任免各級法院法官

（七） 依照法定程序任免公職人員

（八） 執行中央人民政府就本法規定的有關事務發出的指令

（九） 代表香港特別行政區政府處理中央授權的對外事務和其他事務

（十） 批准向立法會提出有關財政收入或支出的動議

（十一） 根據安全和重大公共利益的考慮，決定政府官員或其他負責政府公務的人員是否向立法會或其屬下的委員會作證和提供證據

（十二） 赦免或減輕刑事罪犯的刑罰

（十三） 處理請願、申訴事項

第四十九條

香港特別行政區行政長官如認為立法會通過的法案不符合香港特別行政區的整體利益，可在三個月內將法案發回立法會重議，立法會如以不少於全體議員三分之二多數再次通過原案，行政長官必須在一個月內簽署公佈或按本法第五十條的規定處理。

第五十條

香港特別行政區行政長官如拒絕簽署立法會再次通過的法案或立法會拒絕通過政府提出的財政預算案或其他重要法案，經協商仍不能取得一致意見，行政長官可解散立法會。

行政長官在解散立法會前，須徵詢行政會議的意見。行政長官在其一任任期內只能解散立法會一次。

第五十一條

香港特別行政區立法會如拒絕批准政府提出的財政預算案，行政長官可向立法會申請臨時撥款。如果由於立法會已被解散而不能批准撥款，行政長官可在選出新的立法會前的一段時期內，按上一財政年度的開支標

準，批准臨時短期撥款。

第五十二條

香港特別行政區行政長官如有下列情況之一者必須辭職：

（一）　　因嚴重疾病或其他原因無力履行職務

（二）　　因兩次拒絕簽署立法會通過的法案而解散立法會，重選的立法會仍以全體議員三分之二多數通過所爭議的原案，而行政長官仍拒絕簽署

（三）　　因立法會拒絕通過財政預算案或其他重要法案而解散立法會，重選的立法會繼續拒絕通過所爭議的原案

第五十三條

香港特別行政區行政長官短期不能履行職務時，由政務司長、財政司長、律政司長依次臨時代理其職務。

*行政長官缺位時，應在六個月內依本法第四十五條的規定產生新的行政長官。行政長官缺位期間的職務代理，依照上款規定辦理。

第五十四條

香港特別行政區行政會議是協助行政長官決策的機構。

第五十五條

香港特別行政區行政會議的成員由行政長官從行政機關的主要官員、立法會議員和社會人士中委任，其任免由行政長官決定。行政會議成員的任期應不超過委任他的行政長官的任期。

香港特別行政區行政會議成員由在外國無居留權的香港特別行政區永久性民中的中國公民擔任。

行政長官認為必要時可邀請有關人士列席會議。

第五十六條

香港特別行政區行政會議由行政長官主持。

行政長官在作出重要決策、向立法會提交法案、制定附屬法規和解散立法會前,須徵詢行政會議的意見,但人事任免、紀律制裁和緊急情況下採取的措施除外。

行政長官如不採納行政會議多數成員的意見,應將具體理由記錄在案。

第五十七條

香港特別行政區設立廉政公署,獨立工作,對行政長官負責。

第五十八條

香港特別行政區設立審計署,獨立工作,對行政長官負責。

第二節:行政機關

第五十九條

香港特別行政區政府是香港特別行政區行政機關。

第六十條

香港特別行政區政府的首長是香港特別行政區行政長官。

香港特別行政區政府設政務司、財政司、律政司、和各局、處、署。

第六十一條

香港特別行政區的主要官員由在香港通常居住連續滿十五年並在外國無居留權的香港特別行政區永久性居民中的中國公民擔任。

第六十二條

香港特別行政區政府行使下列職權:

（一）　制定並執行政策

（二）　管理各項行政事務

（三）　辦理本法規定的中央人民政府授權的對外事務

（四）　編制並提出財政預算、決算

（五）　擬定並提出法案、議案、附屬法規

（六）　委派官員列席立法會並代表政府發言

第六十三條

香港特別行政區律政司主管刑事檢察工作，不受任何干涉。

第六十四條

香港特別行政區政府必須遵守法律，對香港特別行政區立法會負責：執行立法會通過並已生效的法律；定期向立法會作施政報告；答覆立法會議員的質詢；徵稅和公共開支須經立法會批准。

第六十五條

原由行政機關設立諮詢組織的制度繼續保留。

第三節：立法機關

第六十六條

香港特別行政區立法會是香港特別行政區的立法機關。

第六十七條

香港特別行政區立法會由在外國無居留權的香港特別行政區永久性居民中的中國公民組成。但非中國籍的香港特別行政區永久性居民和在外國有居留權的香港特別行政區永久性居民也可以當選為香港特別行政區立法會議員，其所佔比例不得超過立法會全體議員的百分之二十。

第六十八條

香港特別行政區立法會由選舉產生。

立法會的產生辦法根據香港特別行政區的實際情況和循序漸進的原則而規定，最終達至全部議員由普選產生的目標。

立法會產生的具體辦法和法案、議案的表決程序由附件二《香港特別行政區立法會的產生辦法和表決程序》規定。

第六十九條

香港特別行政區立法會除第一屆任期為兩年外，每屆任期四年。

第七十條

香港特別行政區立法會如經行政長官依本法規定解散，須於三個月內依本法第六十八條的規定，重行選舉產生。

第七十一條

香港特別行政區立法會主席由立法會議員互選產生。

香港特別行政區立法會主席由年滿四十周歲，在香港通常居住連續滿二十年並在外國無居留權的香港特別行政區永久性居民中的中國公民擔任。

第七十二條

香港特別行政區立法會主席行使下列職權：

（一）　　主持會議

（二）　　決定議程，政府提出的議案須優先列入議程

（三）　　決定開會時間

（四）　　在休會期間可召開特別會議

（五）　　應行政長官的要求召開緊急會議

（六）　　立法會議事規則所規定的其他職權

第七十三條

香港特別行政區立法會行使下列職權：

(一)　　根據本法規定並依照法定程序制定、修改和廢除法律

(二)　　根據政府的提案，審核、通過財政預算

(三)　　批准稅收和公共開支

(四)　　聽取行政長官的施政報告並進行辯論

(五)　　對政府的工作提出質詢

(六)　　就任何有關公共利益問題進行辯論

(七)　　同意終審法院法官和高等法院首席法官的任免

(八)　　接受香港居民申訴並作出處理

(九)　　如立法會全體議員的四分之一聯合動議，指控行政長官有嚴重
　　　　　違法或瀆職行為而不辭職，經立法會通過進行調查，立法會可
　　　　　委托終審法院首席法官負責組成獨立的調查委員會，並擔任主
　　　　　席。調查委員會負責進行調查，並向立法會提出報告。如該調
　　　　　查委員會認為有足夠證據構成上述指控，立法會以全體議員三
　　　　　分之二多數通過，可提出彈劾案，報請中央人民政府決定

(十)　　在行使上述各項職權時，如有需要，可傳召有關人士出席作證
　　　　　和提供證據

第七十四條

香港特別行政區立法會議員根據本法規定並依照法定程序提出法律草案，
凡不涉及公共開支或政治體制或政府運作者，可由立法會議員個別或聯名
提出。凡涉及政府政策者，在提出前必須得到行政長官的書面同意。

第七十五條

香港特別行政區立法會舉行會議的法定人數為不少於全體議員的二分之
一。

立法會議事規則由立法會自行制定，但不得與本法相抵觸。

第七十六條

香港特別行政區立法會通過的法案，須經行政長官簽署、公佈，方能生效。

第七十七條

香港特別行政區立法會議員在立法會的會議上發言，不受法律追究。

第七十八條

香港特別行政區立法會議員出席會議時和赴會途中不受逮捕。

第七十九條

香港特別行政區立法會議員如有下列情況之一，由立法會主席宣告其喪失立法會議員的資格：

（一）　因嚴重疾病或其他情況無力履行職務

（二）　未得到立法會主席的同意，連續三個月不出席會議而無合理解釋者

（三）　喪失或放棄香港特別行政區永久性居民的身份

（四）　接受政府的委任而出任公務人員

（五）　破產或經法庭裁定償還債務而不履行

（六）　在香港特別行政區區內或區外被判犯有刑事罪行，判處監禁一個月以上，並經立法會出席會議的議員三分之二通過解除其職務

（七）　行為不檢或違反誓言而經立法會出席會議的議員三分之二通過譴責

第四節：司法機關

第八十條

香港特別行政區各級法院是香港特別行政區的司法機關，行使香港特別行政區的審判權。

第八十一條

香港特別行政區設立終審法院、高等法院、區域法院、裁判署法庭和其他專門法庭。高等法院設上訴法庭和原訟法庭。

原在香港實行的司法體制，除因設立香港特別行政區終審法院而產生變化外，予以保留。

第八十二條

香港特別行政區的終審權屬於香港特別行政區終審法院。終審法院可根據需要邀請其他普通法適用地區的法官參加審判。

第八十三條

香港特別行政區的各級法院的組織和職權由法律規定。

第八十四條

香港特別行政區法院依照本法第十八條所規定的適用於香港特別行政區的法律審判案件，其他普通法適用地區的司法判例可作參考。

第八十五條

香港特別行政區法院獨立進行審判，不受任何干涉，司法人員履行審判職責的行為不受法律追究。

第八十六條

原在香港實行的陪審制度的原則予以保留。

第八十七條

香港特別行政區的刑事訴訟和民事訴訟中保留原在香港適用的原則和當事人享有的權利。

任何人在被合法拘捕後,享有盡早接受司法機關公正審判的權利,未經司法機關判罪之前均假定無罪。

第八十八條

香港特別行政區法院的法官,根據當地法官和法律界及其他方面知名人士組成的獨立委員會推薦,由行政長官任命。

第八十九條

香港特別行政區法院的法官只有在無力履行職責或行為不檢的情況下,行政長官才可根據終審法院首席法官任命的不少於三名當地法官組成的審議庭的建議,予以免職。

香港特別行政區終審法院的首席法官只有在無力履行職責或行為不檢的情況下,行政長官才可任命不少於五名當地法官組成的審議庭進行審議,並可根據其建議,依照本法規定的程序,予以免職。

第九十條

香港特別行政區終審法院和高等法院的首席法官,應由在外國無居留權的香港特別行政區永久性居民中的中國公民擔任。

除本法第八十八條和第八十九條規定的程序外,香港特別行政區終審法院的法官和高等法院首席法官的任命或免職,還須由行政長官徵得立法會同意,並報全國人民代表大會常務委員會備案。

第九十一條

香港特別行政區法官以外的其他司法人員原有的任免制度繼續保持。

第九十二條

香港特別行政區的法官和其他司法人員，應根據其本人的司法和專業才能選用，並可從其他普通法適用地區聘用。

第九十三條

香港特別行政區成立前在香港任職的法官和其他司法人員均可留用，其年資予以保留，薪金、津貼、福利待遇和服務條件不低於原來的標準。對退休或符合規定離職的法官和其他司法人員，包括香港特別行區成立前已退休或離職者，不論其所屬國籍或居住地點，香港特別行政區政府按不低於原來的標準，向他們或其家屬支付應得的退休金、酬金、津貼和福利費。

第九十四條

香港特別行政區政府可參照原在香港實行的辦法，作出有關當地和外來的律師在香港特別行政區工作和執業的規定。

第九十五條

香港特別行政區可與全國其他地區的司法機關通過協商依法進行司法方面的聯繫和相互提供協助。

第九十六條

在中央人民政府協助或授權下，香港特別行政區政府可與外國就司法互助關係作出適當安排。

第五節：區域組織

第九十七條

香港特別行政區可設立非政權性的區域組織，接受香港特別行政區政府就有關地區管理和其他事務的諮詢，或負責提供文化、康樂、環境衛生等服務。

第九十八條

區域組織的職權和組成方法由法律規定。

第六節：公務人員

第九十九條

在香港特別行政區政府各部門任職的公務人員必須是香港特別行政區永久性居民。本法第一百零一條對外籍公務人員另有規定者或法律規定某一職級以下者不在此限。

公務人員必須盡忠職守，對香港特別行政區政府負責。

第一百條

香港特別行政區成立前在香港政府各部門，包括警察部門任職的公務人員均可留用，其年資予以保留，薪金、津貼、福利待遇和服務條件不低於原來的標準。

第一百零一條

香港特別行政區政府可任用原香港公務人員中的或持有香港特別行政區永久性居民身份證的英籍和其他外籍人士擔任政府部門的各級公務人

員，但下列各職級的官員必須由在外國無居留權的香港特別行政區永久性居民中的中國公民擔任：各司司長、副司長、各局局長、廉政專員、審計署署長、警務處處長、入境事務處處長、海關關長。

香港特別行政區政府還可聘請英籍和其他外籍人士擔任政府部門的顧問，必要時並可從香港特別行政區以外聘請合格人員擔任政府部門的專門和技術職務。上述外籍人士只能以個人身份受聘，對香港特別行政區政府負責。

第一百零二條

對退休或符合規定離職的公務人員，包括香港特別行政區成立前退休或符合規定離職的公務人員，不論其所屬國籍或居住地點，香港特別行政區政府按不低於原來的標準向他們或其家屬支付應得的退休金、酬金、津貼和福利費。

第一百零三條

公務人員應根據其本人的資格、經驗和才能予以任用和提升，香港原有關於公務人員的招聘、僱用、考核、紀律、培訓和管理的制度，包括負責公務人員的任用、薪金、服務條件的專門機構，除有關給予外籍人員特權待遇的規定外，予以保留。

第一百零四條

香港特別行政區行政長官、主要官員、行政會議成員、立法會議員、各級法院法官和其他司法人員在就職時必須依法宣誓擁護中華人民共和國香港特別行政區基本法，效忠中華人民共和國香港特別行政區。

註：
* 參閱《全國人民代表大會常務委員會關於〈中華人民共和國香港特別行政區基本法〉第五十三條第二款的解釋》(2005 年 4 月 27 日第十屆全國人民代表大會常務委員會第十五次會議通過)(見文件二十)

第五章：經濟

第一節：財政、金融、貿易和工商業

第一百零五條

香港特別行政區依法保護私人和法人財產的取得、使用、處置和繼承的權利，以及依法徵用私人和法人財產時被徵用財產的所有人得到補償的權利。

徵用財產的補償應相當於該財產當時的實際價值，可自由兌換，不得無故遲延支付。

企業所有權和外來投資均受法律保護。

第一百零六條

香港特別行政區保持財政獨立。

香港特別行政區的財政收入全部用於自身需要，不上繳中央人民政府。

中央人民政府不在香港特別行政區徵稅。

第一百零七條

香港特別行政區的財政預算以量入為出為原則，力求收支平衡，避免赤字，並與本地生產總值的增長率相適應。

第一百零八條

香港特別行政區實行獨立的稅收制度。

香港特別行政區參照原在香港實行的低稅政策，自行立法規定稅種、稅率、稅收寬免和其他稅務事項。

第一百零九條

香港特別行政區政府提供適當的經濟和法律環境，以保持香港的國際金融中心地位。

第一百一十條

香港特別行政區的貨幣金融制度由法律規定。

香港特別行政區政府自行制定貨幣金融政策，保障金融企業和金融市場的經營自由，並依法進行管理和監督。

第一百一十一條

港元為香港特別行政區法定貨幣，繼續流通。

港幣的發行權屬於香港特別行政區政府。港幣的發行須有百分之百的準備金。港幣的發行制度和準備金制度，由法律規定。

香港特別行政區政府，在確知港幣的發行基礎健全和發行安排符合保持港幣穩定的目的的條件下，可授權指定銀行根據法定權限發行或繼續發行港幣。

第一百一十二條

香港特別行政區不實行外匯管制政策。港幣自由兌換。繼續開放外匯、黃金、證券、期貨等市場。

香港特別行政區政府保障資金的流動和進出自由。

第一百一十三條

香港特別行政區的外匯基金，由香港特別行政區政府管理和支配，主要用於調節港元匯價。

第一百一十四條

香港特別行政區保持自由港地位，除法律另有規定外，不徵收關稅。

第一百一十五條

香港特別行政區實行自由貿易政策，保障貨物、無形財產和資本的流動自由。

第一百一十六條

香港特別行政區為單獨的關稅地區。

香港特別行政區可以「中國香港」的名義參加《關稅和貿易總協定》、關於國際紡織品貿易安排等有關國際組織和國際貿易協定，包括優惠貿易安排。

香港特別行政區所取得的和以前取得仍繼續有效的出口配額、關稅優惠和達成的其他類似安排，全由香港特別行政區享有。

第一百一十七條

香港特別行政區根據當時的產地規則，可對產品簽發產地來源證。

第一百一十八條

香港特別行政區政府提供經濟和法律環境，鼓勵各項投資、技術進步並開發新興產業。

第一百一十九條

香港特別行政區政府制定適當政策，促進和協調製造業、商業、旅遊業、房地產業、運輸業、公用事業、服務性行業、漁農業等各行業的發展，並注意環境保護。

第二節：土地契約

第一百二十條

香港特別行政區成立以前已批出、決定、或續期的超越一九九七年六月三十日年期的所有土地契約和與土地契約有關的一切權利，均按香港特別行政區的法律繼續予以承認和保護。

第一百二十一條

從一九八五年五月二十七日至一九九七年六月三十日期間批出的，或原沒有續期權利而獲得續期的，超出一九九七年六月三十日年期而不超過二〇四七年六月三十日的一切土地契約，承租人從一九九七年七月一日起不補地價，但需每年繳納相當於當日該土地應課差餉租值百分之三的租金。此後，隨應課差餉租值的改變而調整租金。

第一百二十二條

原舊批約地段、鄉村屋地、丁屋地和類似的農村土地，如該土地在一九八四年六月三十日的承租人，或在該日以後批出的丁屋地承租人，其父系為一八九八年在香港的原有鄉村居民，只要該土地的承租人仍為該人或其合法父系繼承人，原定租金維持不變。

第一百二十三條

香港特別行政區成立以後滿期而沒有續期權利的土地契約，由香港特別行政區自行制定法律和政策處理。

第三節：航運

第一百二十四條

香港特別行政區保持原在香港實行的航運經營和管理體制，包括有關海員的管理制度。

香港特別行政區政府自行規定在航運方面的具體職能和責任。

第一百二十五條

香港特別行政區經中央人民政府授權繼續進行船舶登記，並根據香港特別行政區的法律以「中國香港」的名義頒發有關證件。

第一百二十六條

除外國軍用船隻進入香港特別行政區須經中央人民政府特別許可外,其他船舶可根據香港特別行政區法律進出其港口。

第一百二十七條

香港特別行政區的私營航運及與航運有關的企業和私營集裝箱碼頭,可繼續自由經營。

第四節:民用航空

第一百二十八條

香港特別行政區政府應提供條件和採取措施,以保持香港的國際和區域航空中心的地位。

第一百二十九條

香港特別行政區繼續實行原在香港實行的民用航空管理制度,並按中央人民政府關於飛機國籍標誌和登記標誌的規定,設置自己的飛機登記冊。外國國家航空器進入香港特別行政區須經中央人民政府特別許可。

第一百三十條

香港特別行政區自行負責民用航空的日常業務和技術管理,包括機場管理,在香港特別行政區飛行情報區內提供空中交通服務,和履行國際民用航空組織的區域性航行規劃程序所規定的其他職責。

第一百三十一條

中央人民政府經同香港特別行政區政府磋商作出安排,為在香港特別行政區註冊並以香港為主要營業地的航空公司和中華人民共和國的其他航空公司,提供香港特別行政區和中華人民共和國其他地區之間的往返航班。

第一百三十二條

凡涉及中華人民共和國其他地區同其他國家和地區的往返並經停香港特別行政區的航班，和涉及香港特別行政區同其他國家和地區的往返並經停中華人民共和國其他地區航班的民用航空運輸協定，由中央人民政府簽訂。

中央人民政府在簽訂本條第一款所指民用航空運輸協定時，應考慮香港特別行政區的特殊情況和經濟利益，並同香港特別行政區政府磋商。

中央人民政府在同外國政府商談有關本條第一款所指航班的安排時，香港特別行政區政府的代表可作為中華人民共和國政府代表團的成員參加。

第一百三十三條

香港特別行政區政府經中央人民政府具體授權可：

（一）續簽或修改原有的民用航空運輸協定和協議

（二）談判簽訂新的民用航空運輸協定，為在香港特別行政區註冊並以香港為主要營業地的航空公司提供航線，及過境和技術停降權利

（三）同沒有簽訂民用航空運輸協定的外國或地區談判簽訂臨時協議

不涉及往返、經停中國內地而只往返、經停香港的定期航班，均由本條所指的民用航空運輸協定或臨時協議予以規定。

第一百三十四條

中央人民政府授權香港特別行政區政府：

（一）同其他當局商談並簽訂有關執行本法第一百三十三條所指民用航空運輸協定和臨時協議的各項安排

（二）對在香港特別行政區註冊並以香港為主要營業地的航空公司簽發執照

（三）依照本法第一百三十三條所指民用航空運輸協定和臨時協議指定航空公司

（四）對外國航空公司除往返、經停中國內地的航班以外的其他航班簽發許可證

第一百三十五條

香港特別行政區成立前在香港註冊並以香港為主要營業地的航空公司和與民用航空有關的行業，可繼續經營。

第六章：教育、科學、文化、體育、宗教、勞工和社會服務

第一百三十六條

香港特別行政區政府在原有教育制度的基礎上，自行制定有關教育的發展和改進的政策，包括教育體制和管理、教學語言、經費分配、考試制度、學位制度和承認學歷等政策。

社會團體和私人可依法在香港特別行政區興辦各種教育事業。

第一百三十七條

各類院校均可保留其自主性並享有學術自由，可繼續從香港特別行政區以外招聘教職員和選用教材。宗教組織所辦的學校可繼續提供宗教教育，包括開設宗教課程。

學生享有選擇院校和在香港特別行政區以外求學的自由。

第一百三十八條

香港特別行政區政府自行制定發展中西醫藥和促進醫療衛生服務的政策。社會團體和私人可依法提供各種醫療衛生服務。

第一百三十九條

香港特別行政區政府自行制定科學技術政策，以法律保護科學技術的研究成果、專利和發明創造。

香港特別行政區政府自行確定適用於香港的各類科學、技術標準和規格。

第一百四十條

香港特別行政區政府自行制定文化政策,以法律保護作者在文學藝術創作中所獲得的成果和合法權益。

第一百四十一條

香港特別行政區政府不限制宗教信仰自由,不干預宗教組織的內部事務,不限制與香港特別行政區法律沒有抵觸的宗教活動。

宗教組織依法享有財產的取得、使用、處置、繼承以及接受資助的權利。財產方面的原有權益仍予保持和保護。

宗教組織可按原有辦法繼續興辦宗教院校、其他學校、醫院和福利機構以及提供其他社會服務。

香港特別行政區的宗教組織和教徒可與其他地方的宗教組織和教徒保持和發展關係。

第一百四十二條

香港特別行政區政府在保留原有的專業制度的基礎上,自行制定有關評審各種專業的執業資格的辦法。

在香港特別行政區成立前已取得專業和執業資格者,可依據有關規定和專業守則保留原有的資格。

香港特別行政區政府繼續承認在特別行政區成立前已承認的專業和專業團體,所承認的專業團體可自行審核和頒授專業資格。

香港特別行政區政府可根據社會發展需要並諮詢有關方面的意見,承認新的專業和專業團體。

第一百四十三條

香港特別行政區政府自行制定體育政策。民間體育團體可依法繼續存在和發展。

第一百四十四條

香港特別行政區政府保持原在香港實行的對教育、醫療衛生、文化、藝術、康樂、體育、社會福利、社會工作等方面的民間團體機構的資助政策。原在香港各資助機構任職的人員均可根據原有制度繼續受聘。

第一百四十五條

香港特別行政區政府在原有社會福利制度的基礎上，根據經濟條件和社會需要，自行制定其發展、改進的政策。

第一百四十六條

香港特別行政區從事社會服務的志願團體在不抵觸法律的情況下可自行決定其服務方式。

第一百四十七條

香港特別行政區自行制定有關勞工的法律和政策。

第一百四十八條

香港特別行政區的教育、科學、技術、文化、藝術、體育、專業、醫療衛生、勞工、社會福利、社會工作等方面的民間團體和宗教組織同內地相應的團體和組織的關係，應以互不隸屬、互不干涉和互相尊重的原則為基礎。

第一百四十九條

香港特別行政區的教育、科學、技術、文化、藝術、體育、專業、醫療衛生、勞工、社會福利、社會工作等方面的民間團體和宗教組織可同世界各國、各地區及國際的有關團體和組織保持和發展關係，各該團體和組織可根據需要冠用「中國香港」的名義，參與有關活動。

第七章：對外事務

第一百五十條

香港特別行政區政府的代表，可作為中華人民共和國政府代表團的成員，參加由中央人民政府進行的同香港特別行政區直接有關的外交談判。

第一百五十一條

香港特別行政區可在經濟、貿易、金融、航運、通訊、旅遊、文化、體育等領域以「中國香港」的名義，單獨地同世界各國、各地區及有關國際組織保持和發展關係，簽訂和履行有關協議。

第一百五十二條

對以國家為單位參加的、同香港特別行政區有關的、適當領域的國際組織和國際會議，香港特別行政區政府可派遣代表作為中華人民共和國代表團的成員或以中央人民政府和上述有關國際組織或國際會議允許的身份參加，並以「中國香港」的名義發表意見。

香港特別行政區可以「中國香港」的名義參加不以國家為單位參加的國際組織和國際會議。

對中華人民共和國已參加而香港也以某種形式參加了的國際組織，中央人民政府將採取必要措施使香港特別行政區以適當形式繼續保持在這些組織中的地位。

對中華人民共和國尚未參加而香港已以某種形式參加的國際組織，中央人民政府將根據需要使香港特別行政區以適當形式繼續參加這些組織。

第一百五十三條

中華人民共和國締結的國際協議，中央人民政府可根據香港特別行政區的情況和需要，在徵詢香港特別行政區政府的意見後，決定是否適用於香港特別行政區。

中華人民共和國尚未參加但已適用於香港的國際協議仍可繼續適用。中央人民政府根據需要授權或協助香港特別行政區政府作出適當安排，使其他有關國際協議適用於香港特別行政區。

第一百五十四條

中央人民政府授權香港特別行政區政府依照法律給持有香港特別行政區永久性居民身份證的中國公民簽發中華人民共和國香港特別行政區護照，給在香港特別行政區的其他合法居留者簽發中華人民共和國香港特別行政區的其他旅行證件。上述護照和證件，前往各國和各地區有效，並載明持有人有返回香港特別行政區的權利。

對世界各國或各地區的人入境、逗留和離境，香港特別行政區政府可實行出入境管制。

第一百五十五條

中央人民政府協助或授權香港特別行政區政府與各國或各地區締結互免簽證協議。

第一百五十六條

香港特別行政區可根據需要在外國設立官方或半官方的經濟和貿易機構，報中央人民政府備案。

第一百五十七條

外國在香港特別行政區設立領事機構或其他官方、半官方機構，須經中央人民政府批准。

已同中華人民共和國建立正式外交關係的國家在香港設立的領事機構和其他官方機構，可予保留。

尚未同中華人民共和國建立正式外交關係的國家在香港設立的領事機構和其他官方機構，可根據情況允許保留或改為半官方機構。

尚未為中華人民共和國承認的國家，只能在香港特別行政區設立民間機構。

第八章：本法的解釋和修改

第一百五十八條

本法的解釋權屬於全國人民代表大會常務委員會。

全國人民代表大會常務委員會授權香港特別行政區法院在審理案件時對本法關於香港特別行政區自治範圍內的條款自行解釋。

香港特別行政區法院在審理案件時對本法的其他條款也可解釋。但如香港特別行政區法院在審理案件時需要對本法關於中央人民政府管理的事務或中央和香港特別行政區關係的條款進行解釋，而該條款的解釋又影響到案件的判決，在對該案件作出不可上訴的終局判決前，應由香港特別行政區終審法院請全國人民代表大會常務委員會對有關條款作出解釋。如全國人民代表大會常務委員會作出解釋，香港特別行政區法院在引用該條款時，應以全國人民代表大會常務委員會的解釋為準。但在此以前作出的判決不受影響。

全國人民代表大會常務委員會在對本法進行解釋前，徵詢其所屬的香港特別行政區基本法委員會的意見。

第一百五十九條

本法的修改權屬於全國人民代表大會。

本法的修改提案權屬於全國人民代表大會常務委員會，國務院和香港特別行政區。香港特別行政區的修改議案，須經香港特別行政區的全國人民代表大會代表三分之二多數、香港特別行政區立法會全體議員三分之二多數和香港特別行政區行政長官同意後，交由香港特別行政區出席全國人民代表大會的代表團向全國人民代表大會提出。

本法的修改議案在列入全國人民代表大會的議程前，先由香港特別行政區基本法委員會研究並提出意見。

本法的任何修改，均不得同中華人民共和國對香港既定的基本方針政策相抵觸。

第九章：附則

第一百六十條

香港特別行政區成立時，香港原有法律除由全國人民代表大會常務委員會宣佈為同本法抵觸者外，採用為香港特別行政區法律，如以後發現有的法律與本法抵觸，可依照本法規定的程序修改或停止生效。

在香港原有法律下有效的文件、證件、契約和權利義務，在不抵觸本法的前提下繼續有效，受香港特別行政區的承認和保護。

資料截至：2021年5月

由於附件條文隨時修訂或增刪，考試範圍亦會包含附件條文，建議考生瀏覽官方網頁，留意最新消息。

https://www.basiclaw.gov.hk/tc/basiclaw/index.html

PART III 國安法全文
及相關文件

《2020 年全國性法律公布》

鑑於《中華人民共和國香港特別行政區基本法》第十八條規定，列於該法附件三的全國性法律，由香港特別行政區在當地公布或立法實施，並規定全國人民代表大會常務委員會在徵詢其所屬的香港特別行政區基本法委員會和香港特別行政區政府的意見後，可對列於該法附件三的法律作出增減。

又鑑於在2020年6月30日第十三屆全國人民代表大會常務委員會第二十次會議上，全國人民代表大會常務委員會在徵詢香港特別行政區基本法委員會和香港特別行政區政府的意見後，決定將《中華人民共和國香港特別行政區維護國家安全法》加入列於《中華人民共和國香港特別行政區基本法》附件三的全國性法律。

因此本人，香港特別行政區行政長官林鄭月娥，現公布：列於附表的《中華人民共和國香港特別行政區維護國家安全法》自2020年6月30日晚上11時起在香港特別行政區實施。

附表

《中華人民共和國香港特別行政區維護國家安全法》

(2020年6月30日第十三屆全國人民代表大會常務委員會第二十次會議通過)

目錄

第一章　總則

第一條　為堅定不移並全面準確貫徹"一國兩制"、"港人治港"、高度自治的方針，維護國家安全，防範、制止和懲治與香港特別行政區有關的分裂國家、顛覆國家政權、組織實施恐怖活動和勾結外國或者境外勢力危害國家安全等犯罪，保持香港特別行政區的繁榮和穩定，保障香港特別行政區居民的合法權益，根據中華人民共和國憲法、中華人民共和國香港特別行政區基本法和全國人民代表大會關於建立健全香港特別行政區維護國家安全的法律制度和執行機制的決定，制定本法。

第二條　關於香港特別行政區法律地位的香港特別行政區基本法第一條和第十二條規定是香港特別行政區基本法的根本性條款。香港特別行政區任何機構、組織和個人行使權利和自由，不得違背香港特別行政區基本法第一條和第十二條的規定。

第三條　中央人民政府對香港特別行政區有關的國家安全事務負有根本責任。

香港特別行政區負有維護國家安全的憲制責任，應當履行維護國家安全的職責。

香港特別行政區行政機關、立法機關、司法機關應當依據本法和其他有關法律規定有效防範、制止和懲治危害國家安全的行為和活動。

第四條　香港特別行政區維護國家安全應當尊重和保障人權，依法保護香港特別行政區居民根據香港特別行政區基本法和《公民權利和政治權利國際公約》、《經濟、社會與文化權利的國際公約》適用於香港的有關規定享有的包括言論、新聞、出版的自由，結社、集會、遊行、示威的自由在內的權利和自由。

第五條　防範、制止和懲治危害國家安全犯罪，應當堅持法治原則。法律規定為犯罪行為的，依照法律定罪處刑；法律沒有規定為犯罪行為的，不得定罪處刑。

任何人未經司法機關判罪之前均假定無罪。保障犯罪嫌疑人、被告人和其他訴訟參與人依法享有的辯護權和其他訴訟權利。任何人已經司法程序被最終確定有罪或者宣告無罪的，不得就同一行為再予審判或者懲罰。

第六條　維護國家主權、統一和領土完整是包括香港同胞在內的全中國人民的共同義務。

在香港特別行政區的任何機構、組織和個人都應當遵守本法和香港特別行政區有關維護國家安全的其他法律，不得從事危害國家安全的行為和活動。

香港特別行政區居民在參選或者就任公職時應當依法簽署文件確認或者宣誓擁護中華人民共和國香港特別行政區基本法，效忠中華人民共和國香港特別行政區。

第二章　香港特別行政區維護國家安全的職責和機構

第一節　職責

第七條　香港特別行政區應當儘早完成香港特別行政區基本法規定的維護國家安全立法，完善相關法律。

第八條　香港特別行政區執法、司法機關應當切實執行本法和香港特別行政區現行法律有關防範、制止和懲治危害國家安全行為和活動的規定，有效維護國家安全。

第九條　香港特別行政區應當加強維護國家安全和防範恐怖活動的工作。對學校、社會團體、媒體、網絡等涉及國家安全的事宜，香港特別行政區政府應當採取必要措施，加強宣傳、指導、監督和管理。

第十條　香港特別行政區應當通過學校、社會團體、媒體、網絡等開展國家安全教育，提高香港特別行政區居民的國家安全意識和守法意識。

第十一條　香港特別行政區行政長官應當就香港特別行政區維護國家安全事務向中央人民政府負責，並就香港特別行政區履行維護國家安全職責的情況提交年度報告。

如中央人民政府提出要求，行政長官應當就維護國家安全特定事項及時提交報告。

第二節　　機構

第十二條　香港特別行政區設立維護國家安全委員會，負責香港特別行政區維護國家安全事務，承擔維護國家安全的主要責任，並接受中央人民政府的監督和問責。

第十三條　香港特別行政區維護國家安全委員會由行政長官擔任主席，成員包括政務司長、財政司長、律政司長、保安局局長、警務處處長、本法第十六條規定的警務處維護國家安全部門的負責人、入境事務處處長、海關關長和行政長官辦公室主任。

香港特別行政區維護國家安全委員會下設秘書處，由秘書長領導。秘書長由行政長官提名，報中央人民政府任命。

第十四條　香港特別行政區維護國家安全委員會的職責為：

（一）　分析研判香港特別行政區維護國家安全形勢，規劃有關工作，制定香港特別行政區維護國家安全政策；

（二）　推進香港特別行政區維護國家安全的法律制度和執行機制建設；

（三）　協調香港特別行政區維護國家安全的重點工作和重大行動。

香港特別行政區維護國家安全委員會的工作不受香港特別行政區任何其他機構、組織和個人的干涉，工作信息不予公開。香港特別行政區維護國家安全委員會作出的決定不受司法覆核。

第十五條　香港特別行政區維護國家安全委員會設立國家安

全事務顧問，由中央人民政府指派，就香港特別行政區維護國家安全委員會履行職責相關事務提供意見。國家安全事務顧問列席香港特別行政區維護國家安全委員會會議。

第十六條　香港特別行政區政府警務處設立維護國家安全的部門，配備執法力量。

警務處維護國家安全部門負責人由行政長官任命，行政長官任命前須書面徵求本法第四十八條規定的機構的意見。警務處維護國家安全部門負責人在就職時應當宣誓擁護中華人民共和國香港特別行政區基本法，效忠中華人民共和國香港特別行政區，遵守法律，保守秘密。

警務處維護國家安全部門可以從香港特別行政區以外聘請合格的專門人員和技術人員，協助執行維護國家安全相關任務。

第十七條　警務處維護國家安全部門的職責為：

(一)　收集分析涉及國家安全的情報信息；

(二)　部署、協調、推進維護國家安全的措施和行動；

(三)　調查危害國家安全犯罪案件；

(四)　進行反干預調查和開展國家安全審查；

(五)　承辦香港特別行政區維護國家安全委員會交辦的維護國家安全工作；

(六)　執行本法所需的其他職責。

第十八條　香港特別行政區律政司設立專門的國家安全犯罪案件檢控部門，負責危害國家安全犯罪案件的檢控工作和其他相關法律事務。該部門檢控官由律政司長徵得香港特別行政區維護國家安全委員會同意後任命。

律政司國家安全犯罪案件檢控部門負責人由行政長官任命，行政長官任命前須書面徵求本法第四十八條規定的機構的意見。律政司國家安全犯罪案件檢控部門負責人在就職時應當宣誓擁護中華人民共和國香港特別行政區基本法，效忠中華人民共和國香港特別行政區，遵守法律，保守秘密。

第十九條　經行政長官批准，香港特別行政區政府財政司長應當從政府一般收入中撥出專門款項支付關於維護國家安全的開支並核准所涉及的人員編制，不受香港特別行政區現行有關法律規定的限制。財政司長須每年就該款項的控制和管理向立法會提交報告。

第三章　罪行和處罰

第一節　分裂國家罪

第二十條　任何人組織、策劃、實施或者參與實施以下旨在分裂國家、破壞國家統一行為之一的，不論是否使用武力或者以武力相威脅，即屬犯罪：

（一）　將香港特別行政區或者中華人民共和國其他任何部分從中華人民共和國分離出去；

（二）　非法改變香港特別行政區或者中華人民共和國其他任何部分的法律地位；

（三）　將香港特別行政區或者中華人民共和國其他任何部分轉歸外國統治。

犯前款罪，對首要分子或者罪行重大的，處無期徒刑或者十年以上有期徒刑；對積極參加的，處三年以上十年以下有期徒刑；對其他參加的，處三年以下有期徒刑、拘役或者管制。

第二十一條　任何人煽動、協助、教唆、以金錢或者其他財物資助他人實施本法第二十條規定的犯罪的，即屬犯罪。情節嚴重的，處五年以上十年以下有期徒刑；情節較輕的，處五年以下有期徒刑、拘役或者管制。

第二節　顛覆國家政權罪

第二十二條　任何人組織、策劃、實施或者參與實施以下以武力、威脅使用武力或者其他非法手段旨在顛覆國家政權行為之一的，即屬犯罪：

（一）　推翻、破壞中華人民共和國憲法所確立的中華人民共和國根本制度；

（二）　推翻中華人民共和國中央政權機關或者香港特別行政區政權機關；

（三）　嚴重干擾、阻撓、破壞中華人民共和國中央政權機關或者香港特別行政區政權機關依法履行職能；

（四）　攻擊、破壞香港特別行政區政權機關履職場所及其設施，致使其無法正常履行職能。

犯前款罪，對首要分子或者罪行重大的，處無期徒刑或者十年以上有期徒刑；對積極參加的，處三年以上十年以下有期徒刑；對其他參加的，處三年以下有期徒刑、拘役或者管制。

第二十三條　任何人煽動、協助、教唆、以金錢或者其他財物資助他人實施本法第二十二條規定的犯罪的，即屬犯罪。情節嚴重的，處五年以上十年以下有期徒刑；情節較輕的，處五年以下有期徒刑、拘役或者管制。

第三節　恐怖活動罪

第二十四條　為脅迫中央人民政府、香港特別行政區政府或者國際組織或者威嚇公眾以圖實現政治主張，組織、策劃、實施、參與實施或者威脅實施以下造成或者意圖造成嚴重社會危害的恐怖活動之一的，即屬犯罪：

(一)　針對人的嚴重暴力；

(二)　爆炸、縱火或者投放毒害性、放射性、傳染病病原體等物質；

(三)　破壞交通工具、交通設施、電力設備、燃氣設備或者其他易燃易爆設備；

(四)　嚴重干擾、破壞水、電、燃氣、交通、通訊、網絡等公共服務和管理的電子控制系統；

(五)　以其他危險方法嚴重危害公眾健康或者安全。

犯前款罪，致人重傷、死亡或者使公私財產遭受重大損失的，處無期徒刑或者十年以上有期徒刑；其他情形，處三年以上十年以下有期徒刑。

第二十五條　組織、領導恐怖活動組織的，即屬犯罪，處無期徒刑或者十年以上有期徒刑，並處沒收財產；積極參加的，處三年以上十年以下有期徒刑，並處罰金；其他參加的，處三年以下有期徒刑、拘役或者管制，可以並處罰金。

本法所指的恐怖活動組織，是指實施或者意圖實施本法第二十四條規定的恐怖活動罪行或者參與或者協助實施本法第二十四條規定的恐怖活動罪行的組織。

第二十六條　為恐怖活動組織、恐怖活動人員、恐怖活動實施提供培訓、武器、信息、資金、物資、勞務、運輸、技術或者場所等支持、協助、便利，或者製造、非法管有爆炸性、毒害性、放射性、傳染病病原體等物質以及以其他形式準備實施恐怖活動的，即屬犯罪。情節嚴重的，處五年以上十年以下有期徒刑，並處罰金或者沒收財產；其他情形，處五年以下有期徒刑、拘役或者管制，並處罰金。

有前款行為，同時構成其他犯罪的，依照處罰較重的規定定罪處罰。

第二十七條　宣揚恐怖主義、煽動實施恐怖活動的，即屬犯罪。情節嚴重的，處五年以上十年以下有期徒刑，並處罰金或者沒收財產；其他情形，處五年以下有期徒刑、拘役或者管制，並處罰金。

第二十八條　本節規定不影響依據香港特別行政區法律對其他形式的恐怖活動犯罪追究刑事責任並採取凍結財產等措施。

第四節　勾結外國或者境外勢力危害國家安全罪

第二十九條　為外國或者境外機構、組織、人員竊取、刺探、收買、非法提供涉及國家安全的國家秘密或者情報的；請求外國或者境外機構、組織、人員實施，與外國或者境外機構、組織、人員串謀實施，或者直接或者間接接受外國或者境外機構、組織、人員的指使、控制、資助或者其他形式的支援實施以下行為之一的，均屬犯罪：

（一）　對中華人民共和國發動戰爭，或者以武力或者武力相威脅，對中華人民共和國主權、統一和領土完整造成嚴重危害；

（二）　對香港特別行政區政府或者中央人民政府制定和執行法律、政策進行嚴重阻撓並可能造成嚴重後果；

（三）　對香港特別行政區選舉進行操控、破壞並可能造成嚴重後果；

（四）　對香港特別行政區或者中華人民共和國進行制裁、封鎖或者採取其他敵對行動；

（五）　通過各種非法方式引發香港特別行政區居民對中央人民政府或者香港特別行政區政府的憎恨並可能造成嚴重後果。

犯前款罪，處三年以上十年以下有期徒刑；罪行重大的，處無期徒刑或者十年以上有期徒刑。

本條第一款規定涉及的境外機構、組織、人員，按共同犯罪定罪處刑。

第三十條　為實施本法第二十條、第二十二條規定的犯罪，與外國或者境外機構、組織、人員串謀，或者直接或者間接接受外國或者境外機構、組織、人員的指使、控制、資助或者其他形式的支援的，依照本法第二十條、第二十二條的規定從重處罰。

第五節　其他處罰規定

第三十一條　公司、團體等法人或者非法人組織實施本法規定的犯罪的，對該組織判處罰金。

公司、團體等法人或者非法人組織因犯本法規定的罪行受到刑事處罰的，應責令其暫停運作或者吊銷其執照或者營業許可證。

第三十二條　因實施本法規定的犯罪而獲得的資助、收益、報酬等違法所得以及用於或者意圖用於犯罪的資金和工具，應當予以追繳、沒收。

第三十三條　有以下情形的，對有關犯罪行為人、犯罪嫌疑人、被告人可以從輕、減輕處罰；犯罪較輕的，可以免除處罰：

（一）　在犯罪過程中，自動放棄犯罪或者自動有效地防止犯罪結果發生的；

（二）　自動投案，如實供述自己的罪行的；

（三）　揭發他人犯罪行為，查證屬實，或者提供重要線索得以偵破其他案件的。

被採取強制措施的犯罪嫌疑人、被告人如實供述執法、司法機關未掌握的本人犯有本法規定的其他罪行的，按前款第二項規定處理。

第三十四條　不具有香港特別行政區永久性居民身份的人實施本法規定的犯罪的，可以獨立適用或者附加適用驅逐出境。

不具有香港特別行政區永久性居民身份的人違反本法規定，因任何原因不對其追究刑事責任的，也可以驅逐出境。

第三十五條　任何人經法院判決犯危害國家安全罪行的，即喪失作為候選人參加香港特別行政區舉行的立法會、區議會選舉或者出任香港特別行政區任何公職或者行政長官選舉委員會委員的資格；曾經宣誓或者聲明擁護中華人民共和國香港特別行政區基本法、效忠中華人民共和國香港特別行政區的立法會議員、政府官員及公務人員、行政會議成員、法官及其他司法人員、區議員，即時喪失該等職務，並喪失參選或者出任上述職務的資格。

前款規定資格或者職務的喪失，由負責組織、管理有關選舉或者公職任免的機構宣佈。

第六節　效力範圍

第三十六條　任何人在香港特別行政區內實施本法規定的犯罪的，適用本法。犯罪的行為或者結果有一項發生在香港特別行政區內的，就認為是在香港特別行政區內犯罪。

在香港特別行政區註冊的船舶或者航空器內實施本法規定的犯罪的，也適用本法。

第三十七條　香港特別行政區永久性居民或者在香港特別行政區成立的公司、團體等法人或者非法人組織在香港特別行政區以外實施本法規定的犯罪的，適用本法。

第三十八條　不具有香港特別行政區永久性居民身份的人在香港特別行政區以外針對香港特別行政區實施本法規定的犯罪的，適用本法。

第三十九條　本法施行以後的行為，適用本法定罪處刑。

第四章　案件管轄、法律適用和程序

第四十條　香港特別行政區對本法規定的犯罪案件行使管轄權，但本法第五十五條規定的情形除外。

第四十一條　香港特別行政區管轄危害國家安全犯罪案件的立案偵查、檢控、審判和刑罰的執行等訴訟程序事宜，適用本法和香港特別行政區本地法律。

未經律政司長書面同意，任何人不得就危害國家安全犯罪案件提出檢控。但該規定不影響就有關犯罪依法逮捕犯罪嫌疑人並將其羈押，也不影響該等犯罪嫌疑人申請保釋。

香港特別行政區管轄的危害國家安全犯罪案件的審判循公訴程序進行。

審判應當公開進行。因為涉及國家秘密、公共秩序等情形不宜公開審理的，禁止新聞界和公眾旁聽全部或者一部分審理程序，但判決結果應當一律公開宣佈。

第四十二條　香港特別行政區執法、司法機關在適用香港特別行政區現行法律有關羈押、審理期限等方面的規定時，應當確保危害國家安全犯罪案件公正、及時辦理，有效防範、制止和懲治危害國家安全犯罪。

對犯罪嫌疑人、被告人，除非法官有充足理由相信其不會繼續實施危害國家安全行為的，不得准予保釋。

第四十三條　香港特別行政區政府警務處維護國家安全部門辦理危害國家安全犯罪案件時，可以採取香港特別行政區現行法律准予警方等執法部門在調查嚴重犯罪案件時採取的各種措施，並可以採取以下措施：

（一）　搜查可能存有犯罪證據的處所、車輛、船隻、航空器以及其他有關地方和電子設備；

（二）　要求涉嫌實施危害國家安全犯罪行為的人員交出旅行證件或者限制其離境；

（三）　對用於或者意圖用於犯罪的財產、因犯罪所得的收益等與犯罪相關的財產，予以凍結，申請限制令、押記令、沒收令以及充公；

（四）　要求信息發佈人或者有關服務商移除信息或者提供協助；

（五）　要求外國及境外政治性組織，外國及境外當局或者政治性組織的代理人提供資料；

（六）　經行政長官批准，對有合理理由懷疑涉及實施危害國家安全犯罪的人員進行截取通訊和秘密監察；

（七）　對有合理理由懷疑擁有與偵查有關的資料或者管有有關物料的人員，要求其回答問題和提交資料或者物料。

香港特別行政區維護國家安全委員會對警務處維護國家安全部門等執法機構採取本條第一款規定措施負有監督責任。

　　授權香港特別行政區行政長官會同香港特別行政區維護國家安全委員會為採取本條第一款規定措施制定相關實施細則。

　　第四十四條　香港特別行政區行政長官應當從裁判官、區域法院法官、高等法院原訟法庭法官、上訴法庭法官以及終審法院法官中指定若干名法官，也可從暫委或者特委法官中指定若干名法官，負責處理危害國家安全犯罪案件。行政長官在指定法官前可徵詢香港特別行政區維護國家安全委員會和終審法院首席法官的意見。上述指定法官任期一年。

　　凡有危害國家安全言行的，不得被指定為審理危害國家安全犯罪案件的法官。在獲任指定法官期間，如有危害國家安全言行的，終止其指定法官資格。

　　在裁判法院、區域法院、高等法院和終審法院就危害國家安全犯罪案件提起的刑事檢控程序應當分別由各該法院的指定法官處理。

　　第四十五條　除本法另有規定外，裁判法院、區域法院、高等法院和終審法院應當按照香港特別行政區的其他法律處理就危害國家安全犯罪案件提起的刑事檢控程序。

　　第四十六條　對高等法院原訟法庭進行的就危害國家安全犯罪案件提起的刑事檢控程序，律政司長可基於保護國家秘密、案件具有涉外因素或者保障陪審員及其家人的人身安全等理由，發出證書指示相關訴訟毋須在有陪審團的情況下進行審理。凡律政司長發出上述證書，高等法院原訟法庭應當在沒有陪審團的情況下進行審理，並由三名法官組成審判庭。

凡律政司長發出前款規定的證書，適用於相關訴訟的香港特別行政區任何法律條文關於"陪審團"或者"陪審團的裁決"，均應當理解為指法官或者法官作為事實裁斷者的職能。

第四十七條　香港特別行政區法院在審理案件中遇有涉及有關行為是否涉及國家安全或者有關證據材料是否涉及國家秘密的認定問題，應取得行政長官就該等問題發出的證明書，上述證明書對法院有約束力。

第五章　中央人民政府駐香港特別行政區維護國家安全機構

第四十八條　中央人民政府在香港特別行政區設立維護國家安全公署。中央人民政府駐香港特別行政區維護國家安全公署依法履行維護國家安全職責，行使相關權力。

駐香港特別行政區維護國家安全公署人員由中央人民政府維護國家安全的有關機關聯合派出。

第四十九條　駐香港特別行政區維護國家安全公署的職責為：

（一）　分析研判香港特別行政區維護國家安全形勢，就維護國家安全重大戰略和重要政策提出意見和建議；

（二）　監督、指導、協調、支持香港特別行政區履行維護國家安全的職責；

（三）　收集分析國家安全情報信息；

（四）　依法辦理危害國家安全犯罪案件。

第五十條　駐香港特別行政區維護國家安全公署應當嚴格依法履行職責，依法接受監督，不得侵害任何個人和組織的合法權益。

駐香港特別行政區維護國家安全公署人員除須遵守全國性法

律外，還應當遵守香港特別行政區法律。

駐香港特別行政區維護國家安全公署人員依法接受國家監察機關的監督。

第五十一條　駐香港特別行政區維護國家安全公署的經費由中央財政保障。

第五十二條　駐香港特別行政區維護國家安全公署應當加強與中央人民政府駐香港特別行政區聯絡辦公室、外交部駐香港特別行政區特派員公署、中國人民解放軍駐香港部隊的工作聯繫和工作協同。

第五十三條　駐香港特別行政區維護國家安全公署應當與香港特別行政區維護國家安全委員會建立協調機制，監督、指導香港特別行政區維護國家安全工作。

駐香港特別行政區維護國家安全公署的工作部門應當與香港特別行政區維護國家安全的有關機關建立協作機制，加強信息共享和行動配合。

第五十四條　駐香港特別行政區維護國家安全公署、外交部駐香港特別行政區特派員公署會同香港特別行政區政府採取必要措施，加強對外國和國際組織駐香港特別行政區機構、在香港特別行政區的外國和境外非政府組織和新聞機構的管理和服務。

第五十五條　有以下情形之一的，經香港特別行政區政府或者駐香港特別行政區維護國家安全公署提出，並報中央人民政府批准，由駐香港特別行政區維護國家安全公署對本法規定的危害國家安全犯罪案件行使管轄權：

（一） 案件涉及外國或者境外勢力介入的複雜情況，香港特別行政區管轄確有困難的；

（二） 出現香港特別行政區政府無法有效執行本法的嚴重情況的；

（三） 出現國家安全面臨重大現實威脅的情況的。

第五十六條　根據本法第五十五條規定管轄有關危害國家安全犯罪案件時，由駐香港特別行政區維護國家安全公署負責立案偵查，最高人民檢察院指定有關檢察機關行使檢察權，最高人民法院指定有關法院行使審判權。

第五十七條　根據本法第五十五條規定管轄案件的立案偵查、審查起訴、審判和刑罰的執行等訴訟程序事宜，適用《中華人民共和國刑事訴訟法》等相關法律的規定。

根據本法第五十五條規定管轄案件時，本法第五十六條規定的執法、司法機關依法行使相關權力，其為決定採取強制措施、偵查措施和司法裁判而簽發的法律文書在香港特別行政區具有法律效力。對於駐香港特別行政區維護國家安全公署依法採取的措施，有關機構、組織和個人必須遵從。

第五十八條　根據本法第五十五條規定管轄案件時，犯罪嫌疑人自被駐香港特別行政區維護國家安全公署第一次訊問或者採取強制措施之日起，有權委託律師作為辯護人。辯護律師可以依法為犯罪嫌疑人、被告人提供法律幫助。

犯罪嫌疑人、被告人被合法拘捕後，享有儘早接受司法機關公正審判的權利。

第五十九條　根據本法第五十五條規定管轄案件時，任何人如果知道本法規定的危害國家安全犯罪案件情況，都有如實作證的義務。

第六十條　駐香港特別行政區維護國家安全公署及其人員依據本法執行職務的行為，不受香港特別行政區管轄。

持有駐香港特別行政區維護國家安全公署制發的證件或者證明文件的人員和車輛等在執行職務時不受香港特別行政區執法人員檢查、搜查和扣押。

駐香港特別行政區維護國家安全公署及其人員享有香港特別行政區法律規定的其他權利和豁免。

第六十一條　駐香港特別行政區維護國家安全公署依據本法規定履行職責時，香港特別行政區政府有關部門須提供必要的便利和配合，對妨礙有關執行職務的行為依法予以制止並追究責任。

第六章　附則

第六十二條　香港特別行政區本地法律規定與本法不一致的，適用本法規定。

第六十三條　辦理本法規定的危害國家安全犯罪案件的有關執法、司法機關及其人員或者辦理其他危害國家安全犯罪案件的香港特別行政區執法、司法機關及其人員，應當對辦案過程中知悉的國家秘密、商業秘密和個人隱私予以保密。

擔任辯護人或者訴訟代理人的律師應當保守在執業活動中知悉的國家秘密、商業秘密和個人隱私。

配合辦案的有關機構、組織和個人應當對案件有關情況予以保密。

第六十四條　香港特別行政區適用本法時，本法規定的"有期徒刑""無期徒刑""沒收財產"和"罰金"分別指"監禁""終身監禁""充公犯罪所得"和"罰款"，"拘役"參照適用香港特別行政區相關法律規定的"監禁""入勞役中心""入教導所"，"管制"參照適用香港特別行政區相關法律規定的"社會服務令""入感化院"，"吊銷執照或者營業許可證"指香港特別行政區相關法律規定的"取消註冊或者註冊豁免，或者取消牌照"。

第六十五條　本法的解釋權屬於全國人民代表大會常務委員會。

第六十六條　本法自公佈之日起施行。

資料截至：2021年5月

由於附件條文隨時修訂或增刪，考試範圍亦會包含附件條文，建議考生瀏覽官方網頁，留意最新消息。

https://www.isd.gov.hk/nationalsecurity/chi/law.html

PART IV 《基本法》
重點試題

重點練習（一）

1. 根據《基本法》第七條，香港特別行政區的土地和自然資源收入：

   A. 需上繳中央

   B. 部份收益需上繳中央

   C. 不需上繳中央，除非是售賣土地的收益

   D. 不需上繳中央

2. 根據《基本法》第十條，香港特別行政區的區旗是由以下哪些特徵組成？

   A. 五星花蕊的洋金菊花紅色旗

   B. 五星花蕊的紫荊花紅色旗

   C. 五星花蕊的紫荊花藍色旗

   D. 五金星花蕊的紫荊花橙色旗

3. 下列哪條並不是列於《基本法》第十八條及附件三之全國性法律？

   A. 《中華人民共和國國旗法》

   B. 《全國人民代表大會議事規則》

   C. 《關於中華人民共和國國慶日的決議》

   D. 《中華人民共和國專屬經濟區和大陸架法》

4. 根據《基本法》第二十三條，以下哪一項不是香港特別行政區應自行立法禁止之行為？

   A. 任何叛國

   B. 分裂國家

   C. 危及國家安全

   D. 顛覆中央人民政府

5. 根據《基本法》第三十五條，下列哪項**並不是**香港居民可以享有的權利？

   A. 秘密法律諮詢

   B. 向法院提起訴訟

   C. 選擇律師及時保護自己的違法行為

   D. 有權對政府「行政部門」和「行政人員」的行為向法院提起訴訟

6. 根據《基本法》第四十條，根據下列哪一項獲得新界原居民的權益會根據香港特別行政區的_____保護？

   A. 大清律例

   B. 基本法

   C. 普通法

   D. 合法傳統權益

7. 根據《基本法》第四十五條，香港特別行政區的「行政長官」是由誰任命？

   A. 全國人民代表大會

   B. 中央人民政府

   C. 中華人民共和國主席

   D. 中華人民共和國國務院總理

8. 根據《基本法》第四十八條，以下哪項**並不是**行政長官所行使的職權？

   A. 決定政府政策和發佈行政命令

   B. 批准向立法會提出有關財政收入或支出的動議

   C. 赦免或減輕刑事罪犯的刑罰

   D. 委任三分之一的立法會議員

9. 根據《基本法》第四十九條，香港特別行政區行政長官如認為立法會通過的法案不符合香港特別行政區的_____，可在三個月內將法案發回立法會重議？

A. 實際利益

B. 整體利益

C. 社會利益

D. 公共利益

10. 根據《基本法》第六十三條，以下哪位是負責主管香港特別行政區之刑事檢察工作，不受任何干涉？

A. 警務處　　　　　　B. 廉政公署

C. 律政司　　　　　　D. 以上各項皆是

11. 根據《基本法》第七十五條，香港特別行政區立法會舉行會議的法定人數為不少於_____的二分之一？

A. 功能團體選舉產生的議員

B. 分區直接選舉的議員

C. 全體議員

D. 當天出席立法會會議的議員

12. 根據《基本法》第一百零一條，香港特別行政區政府可任用原香港公務人員中的或持有香港特別行政區永久性居民身份證的英籍和其他外籍人士擔任政府部門的各級公務人員，但下列哪位官員**並不須**由在外國無居留權的香港特別行政區永久性居民中的中國公民擔任？

A. 警務處處長

B. 海關關長

C. 入境事務處處長

D. 申訴專員

13. 根據《基本法》第一百二十五條，香港特別行政區經中央人民政府授權繼續進行船舶登記，並根據香港特別行政區的法律以_____的名義頒發有關證件。

A. 中國　　　　　　　　B. 香港

C. 香港特區　　　　　　D. 中國香港

14. 根據《基本法》第一百五十一條，香港特別行政區不可以在下列領域中，以「中國香港」的名義，單獨地同世界各國、各地區及有關國際組織保持和發展關係，簽訂和履行有關協議。

A. 經濟　　　　　　　　B. 旅遊

C. 體育　　　　　　　　D. 環保

15. 根據《基本法》第一百五十三條，中華人民共和國締結的國際協議，中央人民政府可根據香港特別行政區的情況和需要，在徵詢_____的意見後，決定是否適用於香港特別行政區。

A. 香港特別行政區行政長官

B. 香港特別行政區政府

C. 立法會

D. 行政會議

練習（一）答案：

1. D	2. B	3. B	4. C	5. C
6. D	7. B	8. D	9. B	10. C
11. C	12. D	13. D	14. D	15. B

重點練習（二）

1. 根據《基本法》第七條，香港特別行政區境內的土地和自然資源屬於國家所有，由香港特別行政區政府負責管理、使用、開發、出租或批給＿＿＿使用或開發，其收入全歸香港特別行政區政府支配。

   A. 個人
   B. 個人、法人
   C. 個人、法人或團體
   D. 私人、法人或團體

2. 根據《基本法》第八條，香港原有法律，即＿＿＿法、＿＿＿法、＿＿＿、＿＿＿和＿＿＿，除同本法相抵觸或經香港特別行政區的立法機關作出修改者外，予以保留。

   A. 普通法、衡平法、條例、附屬立法和習慣法
   B. 普通法、平衡法、條例、附屬立法和習慣法
   C. 普通法、衡平法、附例、附屬立法和習慣法
   D. 普通法、條例、衡平法、附屬立法和習慣法

3. 根據《基本法》第一百四十八條，香港特別行政區的教育、科學、技術、文化、藝術、體育、專業、醫療衛生、勞工、社會福利、社會工作等方面的民間團體和宗教組織同內地相應的團體和組織的關係，應以＿＿＿的原則為基礎。

   A. 互不干涉、互不隸屬和互相尊重
   B. 互不隸屬、互不干涉和互相尊重
   C. 互相尊重、互不干涉和互不隸屬
   D. 互相尊重、互不隸屬和互不干涉

4. 根據《基本法》第十四條，中央人民政府負責管理香港特別行政區的防務。香港特別行政區政府負責維持香港特別行政區的社會治安。中央人民政府派駐香港特別行政區負責防務的軍隊不干預香港特別行政區的地方事務。香港特別行政區政府在必要時，可向中央人民政府請求駐軍協助維持社會治安和救助災害。駐軍人員須遵守____。駐軍費用由中央人民政府負擔。

A. 全國性的法律

B. 香港特別行政區的法律

C. 全國性的法律及香港特別行政區的法律

D. 香港特別行政區的法律及全國性的法律

5. 根據《基本法》第二十二條，中央人民政府所屬各部門、各省、自治區、直轄市均不得干預香港特別行政區根據本法自行管理的事務。中央各部門、各省、自治區、直轄市如需在香港特別行政區設立機構，須徵得____。中央各部門、各省、自治區、直轄市在香港特別行政區設立的一切機構及其人員均須遵守香港特別行政區的法律。中國其他地區的人進入香港特別行政區須辦理批准手續，其中進入香港特別行政區定居的人數由中央人民政府主管部門徵求香港特別行政區政府的意見後確定。香港特別行政區可在北京設立辦事機構。

A. 香港特別行政區政府同意

B. 中央人民政府批准

C. 中央人民政府批准並經香港特別行政區政府同意

D. 香港特別行政區政府同意並經中央人民政府批准

6. 根據《基本法》第二十六條，香港特別行政區永久性居民依法享有＿＿＿。

   A. 選舉權

   B. 選舉權和被選舉權

   C. 提名權和被提名權

   D. 選舉權、被選舉權、提名權和被提名權

7. 根據《基本法》第四十一條，在香港特別行政區境內的香港居民以外的其他人，依法享有本章規定的香港居民的＿＿＿＿。

   A. 權利　　　　　B. 自由

   C. 權利和自由　　D. 自由和權利

8. 根據《基本法》第四十三條，香港特別行政區行政長官是＿＿＿的首長，代表＿＿＿。　香港特別行政區行政長官依照本法的規定對中央人民政府和香港特別行政區負責。

   A. 香港特別行政區、香港特別行政區

   B. 香港特別行政區政府、香港特別行政區

   C. 香港特別行政區、香港特別行政區政府

   D. 香港特別行政區政府、香港特別行政區政府

9. 根據《基本法》第一百零三條，公務人員應根據其本人的＿予以任用和提升，香港原有關於公務人員的招聘、僱用、考核、紀律、培訓和管理的制度，包括負責公務人員的任用、薪金、服務條件的專門機構，除有關給予外籍人員特權待遇的規定外，予以保留。

   A. 才能、資格和經驗

   B. 資格、經驗和才能

   C. 學歷、經驗和才能

   D. 才能、學歷和經驗

10. 根據《基本法》第一百零五條,香港特別行政區依法保護____財產的取得、使用、處置和繼承的權利,以及依法徵用私人和法人財產時被徵用財產的所有人得到補償的權利。徵用財產的補償應相當於該財產當時的實際價值,可自由兌換,不得無故遲延支付。

A. 私人

B. 私人和法人

C. 私人、法人和團體

D. 個人、法人和團體

11. 根據《基本法》第一百三十四條,中央人民政府授權香港特別行政區政府:

(一) 同其他當局商談並簽訂有關執行本法第一百三十三條所指民用航空運輸協定和臨時協議的各項安排;

(二) 對在_____並以香港為主要營業地的航空公司簽發執照;

(三) 依照本法第一百三十三條所指民用航空運輸協定和臨時協議指定航空公司;

(四) 對外國航空公司除往返、經停中國內地的航班以外的其他航班簽發許可證。

A. 香港

B. 以香港為主要營業地

C. 香港特別行政區註冊

D. 以香港為主要營業地並在香港特別行政區註冊

12. 根據《基本法》第一百三十七條，各類院校均可保留其____，可繼續從香港特別行政區以外招聘教職員和選用教材。宗教組織所辦的學校可繼續提供宗教教育，包括開設宗教課程。

    A. 獨立性並享有學術自由

    B. 學術自由並享有獨立性

    C. 自主性並享有學術自由

    D. 學術自由並享有自主性

13. 根據《基本法》第十三條，中央人民政府負責管理與香港特別行政區有關的外交事務。____在香港設立機構處理外交事務。中央人民政府授權香港特別行政區依照本法自行處理有關的對外事務。

    A. 中央人民政府

    B. 中華人民共和國外交部

    C. 全國人民代表大會

    D. 國務院

14. 根據《基本法》第一百五十七條，外國在香港特別行政區設立領事機構或其他官方、半官方機構，須經____批准。已同中華人民共和國建立正式外交關係的國家在香港設立的領事機構和其他官方機構，可予保留。尚未同中華人民共和國建立正式外交關係的國家在香港設立的領事機構和其他官方機構，可根據情況允許保留或改為半官方機構。尚未為中華人民共和國承認的國家，只能在香港特別行政區設立民間機構。

A. 中華人民共和國外交部

B. 中央人民政府

C. 香港特別行政區政府

D. 國務院

15. 根據《基本法》附件二第七項：

政府提出的法案，如獲得出席會議的全體議員的過半數票，即為通過。立法會議員個人提出的議案、法案和對政府法案的修正案均須　　分別經選舉委員會選舉產生的議員和功能團體選舉、分區直接選舉產生的議員兩部分出席會議議員____通過。

A. 各過半數

B. 全體

C. 各過三分之二

D. 各過四分之三

練習（二）答案：

1. C	2. A	3. B	4. C	5. D
6. B	7. C	8. A	9. B	10. B
11. C	12. C	13. B	14. B	15. A

重點練習(三)

1. 根據《基本法》第五條，香港特別行政區不實行社會主義制度和政策，保持原有的 ＿＿＿，五十年不變。

   A. 制度和政策

   B. 政策和生活方式

   C. 制度和和生活方式

   D. 資本主義制度和生活方式

2. 根據《基本法》第八十五條，香港特別行政區法院獨立進行審判，不受任何干涉，司法人員＿＿＿不受法律追究。

   A. 的行為 　　　　　　　　B. 的言論

   C. 履行審判職責的行為 　　D. 履行審判職責言論

3. 根據《基本法》第八十七條，香港特別行政區的＿＿＿中保留原在香港適用的原則和當事人享有的權利。

   A. 刑事訴訟

   B. 刑事訴訟和民事訴訟

   C. 刑事訴訟、民事訴訟和行政訴訟

   D. 刑事訴訟、行政訴訟和民事訴訟

4. 根據《基本法》第一百一十八條，香港特別行政區政府＿＿＿，鼓勵各項投資、技術進步並開發新興產業。

   A. 提供經濟和法律環境

   B. 制定經濟的法規

   C. 帶動創新的思維

   D. 建立開放的形像

5. 根據《基本法》第一百二十條，香港特別行政區成立以前已批出、決定、或續期的超越一九九七年六月三十日年期的所有土地契約和與土地契約有關的一切權利，均按香港特別行政區的法律繼續_____。

A. 有效
B. 承認和有效
C. 予以承認
D. 予以承認和保護

6. 根據《基本法》第一百三十四條，中央人民政府授權香港特別行政區政府：

同其他當局商談並簽訂有關執行本法第一百三十三條所指民用航空運輸協定和臨時協議的各項安排；對在香港特別行政區註冊並以香港為主要營業地的航空公司簽發執照；依照本法第一百三十三條所指民用航空運輸協定和臨時協議指定航空公司；對外國航空公司除_____的航班以外的其他航班簽發許可證。

A. 往返中國內地主要城市
B. 往返中國內地
C. 往返、經停中國內地
D. 往返、經停中國內地主要城市

7. 根據《基本法》第八條，香港原有法律，即普通法、衡平法、條例、附屬立法和習慣法，除同_____，予以保留。

A. 本法相抵觸外
B. 本法相抵觸或經香港特別行政區的立法機關作出修改者外
C. 本法相抵觸或經全國人民代表大會常務委員會作出解釋者外
D. 本法相抵觸、或經香港特別行政區的立法機關作出修改者或經全國人民代表大會常務委員會作出解釋者外

8. 中央人民政府依照本法第四章的規定任命香港特別行政區_____。

   A. 行政長官

   B. 行政長官、行政機關的主要官員和終審法院首席法官

   C. 行政長官、行政機關的主要官員和行政會議的成員

   D. 行政長官和行政機關的主要官員

9. 根據《基本法》第二十條,香港特別行政區可享有_____授予的其他權力。

   A. 全國人民代表大會

   B. 全國人民代表大會和全國人民代表大會常務委員會

   C. 全國人民代表大會和全國人民代表大會常務委員會及中央人民政府

   D. 全國人民代表大會和中央人民政府

10. 根據《基本法》第二十六條,香港特別行政區_____依法享有選舉權和被選舉權。

    A. 居民   B. 永久性居民

    C. 永久性居民和非永久性居民   D. 公民

11. 根據《基本法》第四十四條,香港特別行政區行政長官由年滿_____周歲,在香港通常居住連續滿_____並在外國無居留權的香港特別行政區永久性居民中的中國公民擔任。

    A. 四十、十五

    B. 四十、二十

    C. 四十五、二十

    D. 四十五、十五

12. 根據《基本法》第七十六條，香港特別行政區立法會通過的法案，須經＿＿＿＿簽署、公佈，方能生效。

A. 立法會主席

B. 律政司司長

C. 終審法院首席法官

D. 行政長官

13. 根據《基本法》第七十九條，香港特別行政區立法會議員如有下列情況之一，由立法會主席宣告其喪失立法會議員的資格：

A. 因嚴重疾病或其他情況無力履行職務

B. 未得到立法會主席的同意，連續三個月不出席會議

C. 在香港特別行政區區內或區外被判犯有刑事罪行，判處監禁一個月以上

D. 行為不檢或違反誓言而經立法會出席會議的議員二分之一通過譴責

14. 根據《基本法》第一百五十三條，中華人民共和國締結的國際協議，中央人民政府可根據香港特別行政區的情況和需要，在徵詢＿＿＿＿的意見後，決定是否適用於香港特別行政區。

A. 香港特別行政區行政長官

B. 香港特別行政區政府

C. 立法會

D. 香港特別行政區行政長官和行政會議

15. 根據《基本法》第一百五十八條，香港特別行政區法院在審理案件時對本法的其他條款也可解釋。但如香港特別行政區法院在審理案件時需要對本法關於中央人民政府管理的事務或中央和香港特別行政區關係的條款進行解釋，而該條款的解釋又影響到案件的判決，在對該案件作出不可上訴的終局判決前，應由香港特別行政區終審法院請全國人民代表大會常務委員會對有關條款作出解釋。如全國人民代表大會常務委員會作出解釋，香港特別行政區法院在引用該條款時，應以全國人民代表大會常務委員會的解釋為準。但在此以前作出的判決_____。

A. 不受影響

B. 應以全國人民代表大會常務委員會的解釋作出修改

C. 須經香港特別行政區終審法院作出修改

D. 須經香港特別行政區終審法院理解全國人民代表大會常務委員會的解釋後再作決定

練習（三）答案：

1. D	2. C	3. B	4. A	5. D
6. C	7. B	8. D	9. C	10. B
11. B	12. D	13. A	14. B	15. A

重點練習(四)

1. 根據《基本法》第八條，香港原有法律，即＿＿＿法、衡平法、條例、附屬立法和習慣法，除同本法相抵觸或經香港特別行政區的立法機關作出修改者外，予以保留。

   A. 英國國會法

   B. 普通法

   C. 行政法

   D. 附屬條例

2. 根據《基本法》第十條，香港特別行政區除懸掛中華人民共和國國旗和國徽外，還可使用香港特別行政區區旗和區徽。香港特別行政區的區旗是五星花蕊的紫荊花紅旗。香港特別行政區的區徽，中間是＿＿＿＿＿＿＿＿＿。

   A. 五星花蕊的洋金菊花，周圍寫有「中華人民共和國香港特別行政區」和英文「香港」

   B. 五星花蕊的薰衣草花，周圍寫有「中華人民共和國香港特別行政區」和英文「香港」

   C. 五星花蕊的紫荊花，周圍寫有「中華人民共和國香港特別行政區」和英文「香港」

   D. 五星花蕊的紫丁花，周圍寫有「中華人民共和國香港特別行政區」和英文「香港」

3. 根據《基本法》第十七條，全國人民代表大會常務委員會
    在徵詢其所屬的香港特別行政區基本法委員會後，如認為
    香港特別行政區立法機關制定的任何法律不符合本法關於
    中央管理的事務及中央和香港特別行政區的關係的條款，
    可將有關法律_____，但不作修改。

    A. 取消
    B. 發回
    C. 中止
    D. 擱置

4. 根據《基本法》第十九條，香港特別行政區法院除繼續保
    持香港原有法律制度和原則對法院審判權所作的限制外，
    對香港特別行政區所有的案件均有審判權。香港特別行政
    區法院對_____無管轄權。

    香港特別行政區法院在審理案件中遇有涉及國防、外交等
    國家行為的事實問題，應取得行政長官就該等問題發出的
    證明文件，上述文件對法院有約束力。行政長官在發出證
    明文件前，須取得中央人民政府的證明書。

    A. 中港兩地之案件
    B. 公海所犯之案件
    C. 國防、外交等國家行為
    D. 上訴至國際法庭之案件

5. 根據《基本法》第二十四條，香港特別行政區居民，簡稱香港居民，包括永久性居民和非永久性居民。

   香港特別行政區非永久性居民為：有資格依照香港特別行政區法律取得香港居民身分證，但沒有_____的人。

   A. 資格領取房屋福利的人

   B. 資格領取綜援福利的人

   C. 出入境自由的人

   D. 居留權的人

6. 根據《基本法》第二十六條，香港特別行政區永久性居民依法享有_____權。

   A. 自由生育的權　　　　　　B. 言論自由的權

   C. 選舉權和被選舉權　　　　D. 出入境自由的權

7. 根據基本法第四十八條，下列哪一項不是行政長官行使的職權：

   A. 聘任主要官員

   B. 負責執行本法和依照本法適用於香港特別行政區的其他法律

   C. 任免各級法院法官

   D. 代表香港特別行政區政府處理中央授權的對外事務和其他事務

8. 根據《基本法》第四十九條，香港特別行政區行政長官如認為立法會通過的法案不符合香港特別行政區的整體利益，可在三個月內將法案發回_____重議，立法會如以不少於全體議員三分之二多數再次通過原案，行政長官必須在一個月內簽署公佈或按本法第五十條的規定處理。

   A. 特別行政區政府　　　　B. 立法會
   C. 行政會　　　　　　　　D. 終審法院

9. 香港特別行政區政府的首長是香港特別行政區行政長官。而下列哪一位並不是香港特別行政區政府所設之職務？

   A. 政務司
   B. 財政司
   C. 律政司
   D. 布政司

10. 根據《基本法》第七十二條，下列哪項不是香港特別行政區立法會主席所行使之職權？

   A. 主持會議
   B. 決定開會時間
   C. 審核財政預算
   D. 在休會期間可召開特別會議

11. 根據《基本法》第八十九條，香港特別行政區法院的法官只有在_____或行為不檢的情況下，行政長官才可根據終審法院首席法官任命的不少於三名當地法官組成的審議庭的建議，予以免職。

   A. 無力履行職責
   B. 錯判案件
   C. 判案時言論失當
   D. 經驗不足

12. 根據《基本法》第一百一十三條，香港特別行政區的外匯基金，由_____管理和支配，主要用於調節港元匯價。

    A. 中央人民政府

    B. 中央銀行

    C. 香港特別行政區政府

    D. 金融管理局

13. 根據《基本法》第一百一十六條，香港特別行政區為單獨的關稅地區。香港特別行政區可以「_____」的名義參加《關稅和貿易總協定》、關於國際紡織品貿易安排等有關國際組織和國際貿易協定，包括優惠貿易安排。

    A. 中華人民共和國暨香港特別行政區政府

    B. 香港經濟特區

    C. 香港特別行政區政府

    D. 中國香港

14. 根據《基本法》第一百五十條，香港特別行政區政府的代表，可作為中華人民共和國政府代表團的成員，參加由中央人民政府進行的同香港特別行政區直接有關的____。

    A. 貿易談判   B. 外交談判

    C. 經濟談判   D. 國際談判

15. 根據《基本法》第一百五十九條，基本法的修改權屬於全國人民代表大會。基本法的任何修改，均不得同_____相抵觸。

    A. 中華人民共和國憲法

    B. 香港特別行政區普通法

    C. 中華人民共和國對香港既定的基本方針政策

    D. 香港特別行政區實施的全國性法律

練習（四）答案：

1. B	2. C	3. B	4. C	5. D
6. C	7. A	8. B	9. D	10. C
11. A	12. C	13. D	14. B	15. C

重點練習(五)

1. 根據《基本法》序言第三段,根據中華人民共和國憲法,
    全國人民代表大會特制定＿＿＿＿＿＿,規定香港特別行政
    區實行的制度。

    A. 中華人民共和國憲法

    B. 中華人民共和國香港特別行政區基本法

    C. 香港特別行政區回歸法

    D. 一國兩制

2. 根據《基本法》第十四條,香港特別行政區政府負責維持香
    港特別行政區的社會治安。

    中央人民政府派駐香港特別行政區負責防務的軍隊不干預
    香港特別行政區的地方事務。香港特別行政區政府在必要
    時,可向中央人民政府請求駐軍協助＿＿＿＿＿＿。

    A. 處理社會出現動亂

    B. 處理一國兩制事務

    C. 恢復香港特別行政區秩序

    D. 維持社會治安和救助災害

3. 根據《基本法》第二十二條,中國其他地區的人進入香港
    特別行政區須辦理批准手續,其中進入香港特別行政區定
    居的人數是由＿＿＿。

    A. 立法會決定

    B. 香港特別行政區政府決定

    C. 全國人民代表大會常務委員會

    D. 中央人民政府主管部門徵求香港特別行政區政府的
       意見後確定

4. 根據《基本法》第二十三條，香港特別行政區應自行立法禁止任何叛國、分裂國家、煽動叛亂、顛覆中央人民政府及_____行為，禁止外國的政治性組織或團體在香港特別行政區進行政治活動，禁止香港特別行政區的政治性組織或團體與外國的政治性組織或團體建立聯繫。

   A. 干擾外交事務

   B. 評論國際事務

   C. 竊取國家機密

   D. 違反外交特權

5. 根據《基本法》第三十五條，香港居民有權得到秘密法律諮詢、向法院提起訴訟、_____或在法庭上為其代理和獲得司法補救。

   A. 選擇律師及時保護自己的違法行為

   B. 選擇律師及時保護自己的合法權益

   C. 選擇律師提供高效率及專業法律服務

   D. 選擇律師處理民事訴訟及刑事訴訟

6. 根據《基本法》第三十七條，下列哪一項是基本法規定香港居民的自由權利？

   A. 實行計劃生育是國家的基本國策

   B. 控制人口增長不至過速，鼓勵一孩政策

   C. 婚姻自由和自願生育

   D. 婚姻締結是為了生育合法的兒女

7. 根據《基本法》第四十四條，香港特別行政區行政長官由年滿四十周歲，在香港通常居住連續滿二十年並在_____的香港特別行政區永久性居民中的中國公民擔任。

A. 透過委任程序後

B. 集體推舉後

C. 外國無居留權

D. 中央人民政府指示下

8. 根據《基本法》第四十八條，下列哪一項並不是基本法規定賦予香港特別行政區行政長官所行使之職權？

A. 簽署立法會通過的法案，公佈法律

B. 處理請願、申訴事項

C. 任命特別行政區之主要官員

D. 領導香港特別行政區政府

9. 根據《基本法》第五十三條，香港特別行政區行政長官短期不能履行職務時，由政務司長、財政司長、律政司長依次臨時代理其職務。

根據人大釋法之內容，在行政長官缺位時，應在_____內依本法第四十五條的規定產生新的行政長官。行政長官缺位期間的職務代理，依照上款規定辦理。

A. 四個月

B. 五個月

C. 六個月

D. 七個月

10. 根據《基本法》第七十三條，下列哪項並不是基本法規定賦予香港特別行政區立法會所行使之職權：

    A. 根據本法規定並依照法定程序制定、修改和廢除法律

    B. 根據政府的提案，審核、通過財政預算

    C. 批准稅收和公共開支

    D. 向行政長官建議免除終審法院法官和高等法院首席法官的任免

11. 根據《基本法》第八十六條，香港原有的陪審制度的原則___。

    A. 建議修改

    B. 予以廢除

    C. 予以保留

    D. 保留部份

12. 根據《基本法》第一百零五條，香港特別行政區依法保護私人和法人財產的取得、使用、處置和繼承的權利，以及依法徵用私人和法人財產時被徵用財產的所有人得到補償的權利。

    徵用財產的補償應相當於該財產當時的_____，可自由兌換，不得無故遲延支付。

    A. 土地使用價值後才作出徵用補償

    B. 按比例價值

    C. 部份價值

    D. 實際價值

13. 根據《基本法》第一百一十九條，香港特別行政區政府制定適當政策，促進和協調製造業、商業、旅遊業、房地產業、運輸業、公用事業、服務性行業、漁農業等各行業的發展，並注意_____。

A. 環境保護

B. 土地保護

C. 歷史文物保護

D. 倡導及保護兒童

14. 根據《基本法》第一百五十七條，下列哪一項陳述並不正確？

外國在香港特別行政區設立領事機構或其他官方、半官方機構，須經中央人民政府批准。

A. 已同中華人民共和國建立正式外交關係的國家在香港設立的領事機構和其他官方機構，可予保留

B. 尚未同中華人民共和國建立正式外交關係的國家在香港設立的領事機構和其他官方機構，可根據情況允許保留或改為半官方機構

C. 尚未為中華人民共和國承認的國家，只能在香港特別行政區設立民間機構

D. 尚未為中華人民共和國承認的國家，只能在香港特別行政區設立民間組織或團體

15. 根據《基本法》第一百五十八條，《基本法》的解釋權屬於全國人民代表大會常務委員會。

    如全國人民代表大會常務委員會對《基本法》作出解釋，香港特別行政區法院在引用該條款時，應以全國人民代表大會常務委員會的解釋為準。但在此以前作出的判決＿＿＿＿＿＿＿。

    A. 不受影響
    B. 應以全國人民代表大會常務委員會的解釋作出修改
    C. 須經香港特別行政區終審法院作出修改
    D. 須經香港特別行政區立法會根據全國人民代表大會常務委員會的解釋後再作決定

練習（五）答案：
1. B	2. D	3. D	4. C	5. B
6. C	7. C	8. C	9. C	10. D
11. C	12. D	13. A	14. D	15. A

重點練習 (六)

1.　根據《基本法》第四十一條，香港特別行政區依法保
　　障_____的權利和自由。

　　A. 香港特別行政區境內的市民和其他人

　　B. 香港特別行政區境內的居民和遊客

　　C. 香港特別行政區境內的居民以外的其他人

　　D. 香港特別行政區境內的永久性居民和其他人

2.　根據《基本法》第十七條，全國人民代表大會常務委員會
　　在徵詢其所屬的香港特別行政區基本法委員會後，如認為
　　香港特別行政區立法機關制定的任何法律不符合本法關於
　　中央管理的事務及中央和香港特別行政區的關係的條款，
　　可將有關法律_____，但不作修改。

　　A. 取消

　　B. 中止

　　C. 發回

　　D. 擱置

3.　根據《基本法》第十八條，如香港決定宣布戰爭狀態或因
　　香港特別行政區內發生不能控制的危及國家統一或安全的
　　動亂而決定香港特別行政區進入緊急狀態，下列哪一個機
　　構可發布命令將有關全國性法律在香港特別行政區實施？

　　A. 外交部駐港特派員公署

　　B. 中央人民政府

　　C. 全國人民代表大會

　　D. 全國人民代表大會常務委員會

4. 根據《基本法》第二十三條，香港特別行政區應自行立法禁止任何叛國、分裂國家、煽動叛亂、顛覆中央人民政府及竊取國家機密的行為，禁止外國的政治性組織或團體在香港特別行政區進行政治活動，禁止_____建立聯繫。

    A. 香港特別行政區的商業性組織或團體與外國的政治性組織或團體建立聯繫

    B. 香港特別行政區的政治性組織或團體與外國的政治性組織或團體建立聯繫

    C. 香港特別行政區的政治性組織或團體與外國的教育性組織或團體建立聯繫

    D. 香港特別行政區的地區性組織或團體與外國的政治性組織或團體建立聯繫

5. 根據《基本法》第二十四條，香港特別行政區居民，簡稱香港居民，包括：

    A. 永久性居民

    B. 非永久性居民

    C. 永久性居民和非永久性居民

    D. 按指定計劃安排獲准來港的人士

6. 根據《基本法》第三十條，下列哪項不是香港居民的基本權利和自由？

    A. 退休保障計劃

    B. 通訊自由

    C. 通訊秘密

    D. 出入境的自由

7. 根據《基本法》第四十五條，香港特別行政區行政長官在
當地通過選舉或協商產生，由中央人民政府任命。行政長
官的產生辦法根據香港特別行政區的實際情況和循序漸進
的原則而規定，最終達至由一個有廣泛代表性的提名委員
會按＿＿＿程序提名後普選產生的目標。

   A. 公平程序
   B. 正確程序
   C. 民主程序
   D. 提名程序

8. 根據《基本法》第五十六條，行政長官在作下列哪項決策
時，須徵詢行政會議的意見？

   A. 人事任免
   B. 紀律制裁
   C. 緊急情況下採取的措施
   D. 制定附屬法規

9. 根據《基本法》第八十九條，香港特別行政區終審法院的
首席法官，只有在下列哪個情況下，行政長官才可以予以
免職？

   A. 行政長官可以任命不少於五名當地法官組成的審議
庭進行審議，並可根據其建議，予以免職。
   B. 行政長官在徵得立法會同意後，並報全國人民代表
大會常務委員會備案，可予以免職。
   C. 無力履行職責或行為不檢
   D. 行政長官可以根據行政程序，予以免職。

10. 根據《基本法》第九十七條,下列哪一項**並不是**香港特別行政區內「非政權性的區域組織」,接受香港特別行政區政府就有關地區管理和其他事務的諮詢,所負責提供的_____服務?

    A. 文化
    B. 康樂
    C. 環境衛生
    D. 勞工運輸

11. 根據《基本法》第一百一十三條,香港特別行政區的外匯基金,由香港特別行政區政府管理和支配,主要用於:

    A. 操控境外資產的規範運作
    B. 策略性投資期貨市場
    C. 購買其他國家之國債
    D. 調節港元匯價

12. 根據《基本法》第一百二十六條,除_____進入香港特別行政區須經中央人民政府特別許可外,其他船舶可根據香港特別行政區法律進出其港口。

    A. 中國註冊船隻
    B. 中國軍用船隻
    C. 外國商用船隻
    D. 外國軍用船隻

13. 根據《基本法》第一百五十八條，香港特別行政區法院在審理案件時對基本法關於香港特別行政區自治範圍內的條款可以自行解釋，原因是：

    A. 香港特別行政區法院享有獨立的司法管轄權

    B. 實現一個國家，兩種制度的方針

    C. 實行高度自治的表現

    D. 獲得全國人民代表大會常務委員會之授權

14. 根據《基本法》第一百五十七條，外國在香港特別行政區設立領事機構或其他官方、半官方機構，須經＿＿＿＿＿＿批准。

    A. 香港特別行政區政府

    B. 國務院

    C. 中央人民政府

    D. 外交部駐香港特別行政區特派員公署

15. 根據《基本法》第一百四十九條，下列哪一項，香港特別行政區是不可以自行參與？

    A. 教育項目

    B. 科學項目

    C. 環保項目

    D. 文化項目

練習（六）答案：

1. C	2. C	3. B	4. B	5. C
6. A	7. C	8. D	9. C	10. D
11. D	12. D	13. D	14. C	15. C

重點練習(七)

1. 根據《基本法》序言第三段，全國人民代表大會制定_____，規定香港特別行政區實行的制度，以保障國家對香港的基本方針政策的實施。

   A. 香港立法會條例草案

   B. 香港特別行政區法律

   C. 中華人民共和國香港特別行政區基本法

   D. 中華人民共和國香港特別行政區憲法

2. 根據《基本法》第三條，香港特別行政區的行政機關和立法機關是由_____照本法有關規定組成。

   A. 香港永久性居民和非永久性居民

   B. 香港永久性居民和非永久性公民

   C. 香港永久性居民

   D. 香港非永久性居民

3. 列於《基本法》附件三之法律，根據《基本法》第十八條，全國人民代表大會常務委員會徵詢其所屬的_____後，可對列於《基本法》附件三的法律作出增減？

   A. 香港特別行政區政府的意見

   B. 香港特別行政區立法會的意見

   C. 香港特別行政區行政會議的意見

   D. 香港特別行政區基本法委員會和香港特別行政區政府的意見

4. 根據《基本法》第二十四條，香港特別行政區居民，簡稱香港居民，包括：

A. 永久性居民

B. 非永久性居民

C. 永久性居民和非永久性居民

D. 按指定計劃安排獲准來港的人士

5. 根據《基本法》第三十一條，下列哪項並不是香港居民有在香港特別行政區境內所享有的自由？

A. 移居其他國家和地區的自由

B. 旅行和出入境的自由

C. 在香港特別行政區境內遷徙的自由

D. 離開香港特別行政區，需要獲得批准

6. 根據《基本法》第四十八條，香港特別行政區行政長官不可以行使下列哪項職權？

A. 批准向立法會提出有關財政收入或支出的動議

B. 根據安全和重大公共利益的考慮，決定政府官員或其他負責政府公務的人員是否向立法會或其屬下的委員會作證和提供證據

C. 赦免或減輕刑事罪犯的刑罰

D. 處理防務及外交事務

7. 根據《基本法》第六十四條，下列哪項並不是香港特別行政區政府必須遵守的法律？

A. 執行立法會通過並已生效的法律

B. 定期向立法會作施政報告

C. 答覆立法會議員的質詢

D. 徵稅和公共開支須無需經立法會批准

8. 根據《基本法》第六十七條，香港特別行政區立法會由在外國無居留權的香港特別行政區永久性居民中的中國公民組成。但非中國籍的香港特別行政區永久性居民和在外國有居留權的香港特別行政區永久性居民也可以當選為香港特別行政區立法會議員，其所佔比例不得超過立法會全體議員的_____。

   A. 百分之十

   B. 百分之二十

   C. 百分之三十

   D. 百分之四十

9. 根據《基本法》第七十二條，下列哪項並不是香港特別行政區立法會主席所行使之職權？

   A. 決定開會時間

   B. 在休會期間可召開特別會議

   C. 應行政長官的要求召開緊急會議

   D. 制定政府政策及發出行政命令

10. 根據《基本法》第八十九條，香港特別行政區法院的法官只有在下列哪項情況，才予以免職？

    A. 放棄永久性居民的身份

    B. 欠債而且無力償還

    C. 行為不檢

    D. 違反誓言

11. 根據《基本法》第一百零五條，下列哪項是香港特別行政區依法徵用私人和法人財產時被徵用財產的所有人應得到補償的權利？

    A. 徵用財產的補償應相當於該財產當時的潛在價值

    B. 徵用財產的補償不得無故遲延支付

    C. 徵用財產的補償，需要繳付1%的稅項與香港特別行政區政府

    D. 徵用財產的補償，不得自由兌換

12. 根據《基本法》第一百五十一條，下列哪一項，香港特別行政區並不可以單獨地同世界各國、各地區及有關國際組織保持和發展關係，簽訂和履行有關協議？

    A. 通訊

    B. 航運

    C. 民生

    D. 體育

13. 根據《基本法》第一百五十三條，中華人民共和國締結的國際協議，中央人民政府可根據香港特別行政區的情況和需要，在徵詢_____的意見後，決定是否適用於香港特別行政區。

    A. 香港特別行政區行政長官

    B. 香港特別行政區政府

    C. 立法會

    D. 行政會議

14. 根據《基本法》第一百五十八條，全國人民代表大會常務委員會授權香港特別行政區法院在審理案件時對本法關於香港特別行政區自治範圍內的條款自行解釋。但如香港特別行政區法院在審理案件時需要對本法關於中央人民政府管理的事務或中央和香港特別行政區關係的條款進行解釋，而該條款的解釋又影響到案件的判決，在對該案件作出不可上訴的終局判決前，應由香港特別行政區終審法院請全國人民代表大會常務委員會對有關條款作出解釋。如全國人民代表大會常務委員會作出解釋，香港特別行政區法院在引用該條款時，應以全國人民代表大會常務委員會的解釋為準。但在此以前作出的判決_____？

A. 不受影響

B. 應以全國人民代表大會常務委員會的解釋作出修改

C. 須經香港特別行政區終審法院作出修改

D. 須經香港特別行政區終審法院理解全國人民代表大會常務委員會的解釋後再作決定

15. 根據《基本法》附件一，香港特別行政區行政長官的產生辦法是由一個具有廣泛代表性的選舉委員會根據本法選出，由中央人民政府任命。選舉委員會委員共1500人，由工商、金融界、專業界、勞工、宗教等界、立法會議員、地區組織代表、以及_____人士所組成？

A. 香港地區政黨的組織代表

B. 新界鄉村土地原居民的組織代表

C. 香港區議會的組織代表

D. 香港特別行政區全國人大代表、香港特別行政區全國政協委員和有關全國性團體香港成員的代表界

練習（七）答案：

1. C	2. C	3. D	4. C	5. D
6. D	7. D	8. B	9. D	10. C
11. B	12. C	13. B	14. A	15. D

重點練習（八）

1. 根據《基本法》第七條，香港特別行政區的土地和自然資源收入？

   A. 需要上繳中央

   B. 部份收益需要上繳中央

   C. 不需要上繳中央，除非是售賣土地的收益

   D. 不需要上繳中央

2. 根據《基本法》第十條，香港特別行政區的區旗是？

   A. 五星花蕊的紫荊花紅旗

   B. 六星花蕊的紫荊花紅旗

   C. 五金星型花蕊的紫荊花紅旗

   D. 六金星型花蕊的紫荊花紅旗

3. 下列哪一條列於《基本法》附件三之全國性法律，並不會在香港特別行政區實施？

   A. 《中華人民共和國國旗法》

   B. 《中華人民共和國國家憲法》

   C. 《關於中華人民共和國國慶日的決議》

   D. 《中華人民共和國專屬經濟區和大陸架法》

4. 根據《基本法》第二十三條，以下哪一條不是香港特別行政區應自行立法禁止：

   A. 任何叛國

   B. 分裂國家

   C. 危及國家安全

   D. 顛覆中央人民政府

5. 根據《基本法》第三十五條，下列哪項並不是香港居民可以享有的權利？

   A. 秘密法律諮詢

   B. 向法院提起訴訟

   C. 選擇律師保護自己的違法行為

   D. 有權對政府行政部門和行政人員的行為向法院提起訴訟

6. 根據《基本法》第四十條，新界原居民的權益會受香港特別行政區的哪些條例保護?

   A. 根據大清律例

   B. 根據基本法

   C. 根據中華人民共和國憲法

   D. 根據合法傳統權益

7. 根據《基本法》第四十五條，香港特別行政區的行政長官是由誰任命？

   A. 全國人民代表大會

   B. 中央人民政府

   C. 國務院

   D. 香港特首辦公室

8. 根據《基本法》第四十八條，下列哪項並不是香港特別行政區行政長官所行使的職權？

    A. 簽署立法會通過的財政預算案，將財政預算、決算報中央人民政府備案

    B. 決定政府政策和發佈行政命令

    C. 依照法定程序任免各級法院法官

    D. 聘請主要官員

9. 根據《基本法》第四十九條，香港特別行政區行政長官如認為立法會通過的＿＿＿＿＿不符合香港特別行政區的整體利益，可在三個月內將法案發回立法會重議？

    A. 基本法

    B. 憲法

    C. 法案

    D. 條例

10. 香港特別行政區的主要官員由在香港通常居住連續滿十五年並在外國無居留權的香港特別行政區永久性居民中的中國公民擔任。

    根據《基本法》第一百零一條，下列哪位官員，並不需要在外國無居留權的永久性居民中的中國公民擔任？

    A. 警務處處長

    B. 保安局局長

    C. 政務司司長

    D. 申訴專員

11. 根據《基本法》第六十三條，下列哪一項是負責主管香港
    特別行政區之刑事檢察工作，不受任何干涉？

    A. 律政司

    B. 警務處

    C. 廉政公署

    D. 以上各項皆是

12. 根據《基本法》第七十五條，香港特別行政區立法會舉行
    會議的法定人數為不少於_____的二分之一。

    A. 功能團體選舉產生的議員

    B. 分區直接選舉的議員

    C. 選舉委員會選舉產生的議員

    D. 全體議員

13. 根據《基本法》第一百二十五條，香港特別行政區經中央
    人民政府授權繼續進行船舶登記，並根據香港特別行政區
    的法律以_____的名義頒發有關證件。

    A. 中國

    B. 香港

    C. 香港特區

    D. 中國香港

14. 根據《基本法》第一百五十一條，香港特別行政區不可以在下列領域中，以「中國香港」的名義，單獨地同世界各國、各地區及有關國際組織保持和發展關係，簽訂和履行有關協議。

   A. 經濟

   B. 旅遊

   C. 體育

   D. 環保

15. 根據《基本法》附件三，下列有哪些全國性法律，是自一九九七年七月一日起由香港特別行政區在當地公佈或立法實施？

   A. 關於中華人民共和國國徽的決議、關於中華人民共和國國慶日的決議、中華人民共和國國籍法、中華人民共和國國旗法

   B. 中華人民共和國政府關於領海的聲明、中華人民共和國外交特權與豁免條例、中華人民共和國領事特權與豁免條例、中華人民共和國國徽法

   C. 中華人民共和國領海和毗連區法、中華人民共和國海洋法、中華人民共和國香港特別行政區駐軍法、中華人民共和國專屬經濟區和大陸架法

   D. 關於中華人民共和國國慶日的決議、中華人民共和國國徽法、中華人民共和國海洋法、中華人民共和國領海和毗連區法

練習（八）答案：

1. D	2. A	3. B	4. C	5. C
6. D	7. B	8. D	9. C	10. D
11. A	12. D	13. D	14. D	15. B

重點練習（九）

1.　根據《基本法》第十條，香港特別行政區的區徽中間為：

　　A. 五星花蕊的紫荊花

　　B. 六星花蕊的紫荊花

　　C. 五金星型花蕊的紫荊花

　　D. 六金星型花蕊的紫荊花

2.　根據《基本法》第八條，下列哪項**並不是**香港原有法律，經香港特別行政區的立法機關作出修改者外，予以保留？

　　A. 普通法、衡平法

　　B. 條例、附屬立法

　　C. 習慣法

　　D. 英國國會法

3.　根據《基本法》第十七條，全國人民代表大會常務委員會在徵詢其所屬的香港特別行政區基本法委員會後，如認為香港特別行政區立法機關制定的任何法律_____及中央和香港特別行政區的關係的條款，可將有關法律發回，但不作修改。

　　A. 不符合本法關於國務院管理的事務

　　B. 不符合本法關於中央管理的事務

　　C. 不符合本法關於人民政府管理的事務

　　D. 不符合本法關於全國人民代表大會管理的事務

4. 根據《基本法》第十九條，香港特別行政區法院對下列哪一項**沒有**管轄權？

    A. 中央人民政府之對外事項

    B. 國防、外交等國家行為

    C. 中央人民政府之行政事項

    D. 香港特別行政區對外之事務

5. 根據《基本法》第二十六條，香港特別行政區永久性居民依法享有＿＿＿＿＿＿。

    A. 言論自由的權

    B. 選舉權和被選舉權

    C. 自由生育的權

    D. 出入境自由的權

6. 根據《基本法》第二十八條，對香港居民的人身自由不受侵犯，規定：

    A. 禁止任意或非法搜查居民的身體

    B. 剝奪或限制居民的人身自由

    C. 禁止對居民施行酷刑

    D. 任意或非法剝奪居民的生命

7. 根據《基本法》第四十八條，香港特別行政區行政長官**不可以**行使下列哪項職權？

    A. 依照法定程序任免各級法院法官

    B. 聘任主要官員

    C. 領導香港特別行政區政府

    D. 處理請願、申訴事項

8. 根據《基本法》第六十條，下列哪個職位並不是香港特別行政區政府設立？

   A. 政務司

   B. 財政司

   C. 律政司

   D. 民政司

9. 根據《基本法》第七十二條，下列哪項**並不是**香港特別行政區立法會主席所行使之職權？

   A. 主持會議

   B. 決定立法會議的薪酬及福利

   C. 決定議程，政府提出的議案須優先列入議程

   D. 決定開會時間

10. 根據《基本法》第八十九條，香港特別行政區法院的法官只有在下列哪種情況，才可予以免職？

    A. 破產

    B. 判錯案

    C. 干犯刑事罪及坐監超過一個月

    D. 無力履行職責

11. 根據《基本法》第一百零四條，香港特別行政區行政長官在就職時，**必須**依法宣誓擁護：

    A. 《基本法》

    B. 《中華人民共和國憲法》

    C. 「一個國家，兩種制度」的方針

    D. 《中華人民共和國香港特別行政區基本法》

12. 根據《基本法》第一百一十三條，香港特別行政區的外匯基金，由_____管理和支配，主要用於調節港元匯價。

    A. 中央人民政府   B. 中國人民銀行

    C. 國務院   D. 香港特別行政區政府

13. 根據《基本法》第一百一十六條，香港特別行政區可以用下列哪一項的名義參加《關稅和貿易總協定》、關於國際紡織品貿易安排等有關國際組織和國際貿易協定，包括優惠貿易安排？

    A. 香港特別行政區   B.   香港政府

    C. 香港經濟貿易辦事處   D.   中國香港

14. 根據《基本法》第一百五十條，香港特別行政區政府的代表，可作為中華人民共和國政府代表團的_____，參加由中央人民政府進行的同香港特別行政區直接有關的外交談判。

    A. 觀察員   B. 成員

    C. 團員   D. 委員

15. 根據《基本法》附件三的法律是：

    A. 中華人民共和國憲法

    B. 中華人民共和國刑法

    C. 中華人民共和國國法

    D. 在香港特別行政區實施的全國性法律

練習（九）答案：

1. A	2. D	3. B	4. B	5. B
6. D	7. B	8. D	9. B	10. D
11. D	12. D	13. D	14. B	15. D

重點練習（十）

1. 根據《基本法》第四條，香港特別行政區依法保障_____的權利和自由。

    A. 香港特別行政區市民和其他人

    B. 香港特別行政區居民和遊客

    C. 香港特別行政區居民和其他人

    D. 香港特別行政區永久性居民和其他人

2. 根據《基本法》第十七條，香港特別行政區享有立法權。香港特別行政區的立法機關制定的法律須報全國人民代表大會常務委員會備案。備案不影響該法律的生效。

    全國人民代表大會常務委員會在徵詢其所屬的香港特別行政區基本法委員會後，如認為香港特別行政區立法機關制定的任何法律不符合本法關於中央管理的事務及中央和香港特別行政區的關係的條款，可將_____。經全國人民代表大會常務委員會發回的法律立即失效。該法律的失效，除香港特別行政區的法律另有規定外，無溯及力。

    A. 有關法律發回，再作修改

    B. 有關法律發回，但不作修改

    C. 有關法律發回，然後存檔

    D. 有關法律發回，稍為修改

3. 根據《基本法》第十八條，如香港決定宣布戰爭狀態或因香港特別行政區內發生不能控制的危及國家統一或安全的動亂而決定香港特別行政區進入緊急狀態，下列哪個機構可發布命令將有關全國性法律在香港特別行政區實施？

A. 外交部駐港特派員公署

B. 中央人民政府

C. 全國人民代表大會

D. 全國人民代表大會常務委員會

4. 根據《基本法》第二十三條，香港特別行政區應自行立法禁止任何叛國、分裂國家、煽動叛亂、顛覆中央人民政府及竊取國家機密的行為，禁止_____在香港特別行政區進行政治活動，禁止香港特別行政區的政治性組織或團體與外國的政治性組織或團體建立聯繫。

A. 商業性組織或團體

B. 政治性組織或團體

C. 外國的政治性組織或團體

D. 地區性組織或團體

5. 根據《基本法》第二十四條，香港特別行政區居民（簡稱香港居民）是包括：

A. 永久性居民

B. 非永久性居民

C. 永久性居民和非永久性居民

D. 按指定計劃安排獲準來港居住的人士

6. 根據《基本法》第三十條，香港居民的通訊自由和通訊秘密受法律的保護。除因公共安全和追查刑事犯罪的需要，由有關機關依照法律程序對通訊進行檢查外，任何部門或個人不得以任何理由侵犯居民下列哪項的基本權利和自由？

   A. 出入境的自由
   B. 通訊自由和通訊秘密
   C. 遊行集會
   D. 出席示威活動

7. 根據《基本法》第四十五條，香港特別行政區行政長官在當地通過選舉或協商產生，由中央人民政府任命。行政長官的產生辦法根據香港特別行政區的實際情況和循序漸進的原則而規定，最終達至由一個有廣泛代表性的提名委員會按＿＿＿程序提名後普選產生的目標。

   A. 公平程序
   B. 正確程序
   C. 民主程序
   D. 提名程序

8. 根據《基本法》第五十六條，香港特別行政區行政會議由行政長官主持。行政長官在作出下列決策時，須徵詢行政會議的意見。

   A. 人事任免
   B. 紀律制裁
   C. 緊急情況下採取的措施
   D. 制定附屬法規

9. 根據《基本法》第九十七條，香港特別行政區可設立_____組織，接受香港特別行政區政府就有關地區管理和其他事務的諮詢，或負責提供文化、康樂、環境衛生等服務。

A. 非地區代表性的區域組織

B. 具地區代表性的區域組織

C. 非政權性的區域組織

D. 具政權性的區域組織

10. 根據《基本法》第一百零一條，香港特別行政區政府可任用原香港公務人員中的或持有香港特別行政區永久性居民身份證的英籍和其他外籍人士擔任政府部門的各級公務人員，但下列哪個官員並不須由在外國無居留權的香港特別行政區永久性居民中的中國公民擔任？

A. 警務處處長

B. 海關關長

C. 入境事務處處長

D. 申訴專員

11. 根據《基本法》第一百一十三條，香港特別行政區的外匯基金，由香港特別行政區政府管理和支配，主要用於_____。

A. 操控境外資產的規範運作

B. 策略性投資期貨市場

C. 購買其他國家之國債

D. 調節港元匯價

12. 根據《基本法》第一百二十六條，除_____進入香港特別行政區須經中央人民政府特別許可外，其他船舶可根據香港特別行政區法律進出其港口。

    A. 中國註冊船隻

    B. 中國軍用船隻

    C. 外國商用船隻

    D. 外國軍用船隻

13. 根據《基本法》第一百四十五條，香港特別行政區政府在原有社會福利制度的基礎上，根據_____，自行制定其發展、改進的政策。

    A. 財政預算

    B. 施政報告

    C. 民意調查

    D. 經濟條件和需要

14. 根據《基本法》第一百五十八條，香港特別行政區法院在審理案件時對基本法關於香港特別行政區自治範圍內的條款可以自行解釋，原因是？

    A. 香港特別行政區法院享有獨立的司法管轄權

    B. 實現一個國家，兩種制度的方針

    C. 實行高度自治的表現

    D. 獲得全國人民代表大會常務委員會之授權

15. 根據《基本法》附件一，香港特別行政區行政長官的產生辦法

行政長官由一個具有廣泛代表性、符合香港特別行政區實際情況、體現社會整體利益的選舉委員會根據本法選出，由中央人民政府任命。

選舉委員會根據提名的名單，經_____投票選出行政長官候任人。

A. 一人一票有記名

B. 一人一票無記名

C. 以「舉手」表決之方式

D. 以「撳制」表決之方式

練習（十）答案：

1. C	2. B	3. B	4. C	5. C
6. B	7. C	8. D	9. C	10. D
11. D	12. D	13. D	14. D	15. B

重點練習（十一）

1. 根據《基本法》序言第一段，香港自古以來就是中國的領土，一八四〇年鴉片戰爭以後被英國佔領。一九八四年十二月十九日，中英兩國政府簽署了＿＿＿＿＿＿＿＿＿，確認中華人民共和國政府於一九九七年七月一日恢復對香港行使主權，從而實現了長期以來中國人民收回香港的共同願望。

    A. 關於香港問題的的諒解備忘錄

    B. 關於香港問題的聯合聲明

    C. 關於香港問題的雙邊互換協議

    D. 關於香港問題的互換協定備忘錄

2. 根據《基本法》第三條，香港特別行政區的行政機關和立法機關是由＿＿＿＿＿照本法有關規定組成。

    A. 香港永久性居民和非永久性居民

    B. 香港永久性居民和非永久性公民

    C. 香港永久性居民

    D. 香港非永久性居民

3. 根據《基本法》第十七條，全國人民代表大會常務委員會在徵詢其所屬的香港特別行政區基本法委員會後，如認為香港特別行政區立法機關制定的任何法律不符合本法關於中央管理的事務及中央和香港特別行政區的關係的條款，可將有關法律發回，但不作修改。經全國人民代表大會常務委員會發回的法律立即失效。該法律的失效，_____。

   A. 除香港特別行政區的法律另有規定外，有一般的溯及力。

   B. 除香港特別行政區的法律另有規定外，沒有溯及力。

   C. 除香港特別行政區的法律另有規定外，具有溯及力。

   D. 除香港特別行政區的法律另有規定外，無溯及力。

4. 根據《基本法》第十八條，在香港特別行政區實行的法律為本法以及本法第八條規定的香港原有法律和香港特別行政區立法機關制定的法律。

   全國性法律除列於本法附件三者外，不在香港特別行政區實施。凡列於本法附件三之法律，由香港特別行政區在當地公布或立法實施。

   全國人民代表大會常務委員會在徵詢其所屬的香港特別行政區基本法委員會和香港特別行政區政府的意見後，可對列於本法附件三的法律作出增減，任何列入附件三的法律，限於有關_____。

   A. 不屬於香港特別行政區自治範圍的法律。

   B. 香港特別行政區自治範圍的法律。

   C. 國防、外交和其他按本法規定不屬於香港特別行政區自治範圍的法律。

   D. 國防、外交和維護國家的法律。

5. 根據《基本法》第三十一條，下列哪一項**並不是**香港居民，有在香港特別行政區境內所享有的自由？

　　A. 移居其他國家和地區的自由

　　B. 旅行和出入境的自由

　　C. 在香港特別行政區境內遷徙的自由

　　D. 離開香港特別行政區，須獲得簽證

6. 根據《基本法》第四十八條，香港特別行政區行政長官**不可以**行使下列哪項職權？

　　A. 批准向立法會提出有關財政收入或支出的動議

　　B. 根據安全和重大公共利益的考慮，決定政府官員或其他負責政府公務的人員是否向立法會或其屬下的委員會作證和提供證據

　　C. 赦免或減輕刑事罪犯的刑罰

　　D. 聘任主要官員

7. 根據《基本法》第七十三條，下列哪一項**並不是**香港特別行政區立法會**必須遵守**的職權？

　　A. 任免主要官員

　　B. 任免行政會議成員

　　C. 任免行政長官

　　D. 接受香港居民申訴並作出處理

8. 根據《基本法》第六十七條，香港特別行政區立法會由在外國無居留權的香港特別行政區永久性居民中的中國公民組成。但非中國籍的香港特別行政區永久性居民和在外國有居留權的香港特別行政區永久性居民也可以當選為香港特別行政區立法會議員，其所佔比例不得超過立法會全體議員的___。

A. 百分之十

B. 百分之二十

C. 百分之三十

D. 百分之四十

9. 根據《基本法》第七十二條，下列哪項**並不是**香港特別行政區立法會主席所行使之職權？

A. 決定開會時間

B. 在休會期間可召開特別會議

C. 應行政長官的要求召開緊急會議

D. 修改及廢除<議事規則>的內容及指引

10. 根據《基本法》第八十九條，香港特別行政區法院的法官只有在下列哪種情況才可被免職？

A. 欠債

B. 判錯案

C. 放棄居港權

D. 無力履行職責或行為不檢

11. 根據《基本法》第一百零三條，公務人員應根據其本人的_____以任用和提升，香港原有關於公務人員的招聘、僱用、考核、紀律、培訓和管理的制度，包括負責公務人員的任用、薪金、服務條件的專門機構，除有關給予外籍人員特權待遇的規定外，予以保留。

    A. 才能、資格和經驗
    B. 資格、經驗和才能
    C. 學歷、經驗和才能
    D. 才能、學歷和經驗

12. 根據《基本法》第一百零五條，香港特別行政區依法保護私人和法人財產的取得、使用、處置和繼承的權利，以及依法徵用私人和法人財產時被徵用財產的所有人得到補償的權利。

    徵用財產的補償應相當於該財產當時的_____，可自由兌換，不得無故遲延支付。

    A. 實際價值
    B. 潛在價值
    C. 利得價值
    D. 估計價值

13. 根據《基本法》第一百五十八條，全國人民代表大會常務委員會授權香港特別行政區法院在審理案件時對本法關於香港特別行政區自治範圍內的條款自行解釋，但如香港特別行政區法院在審理案件時需要對本法關於中央人民政府管理的事務或中央和香港特別行政區關係的條款進行解釋，而該條款的解釋又影響到案件的判決，在對該案件作出不可上訴的終局判決前，應由香港特別行政區終審法院請全國人民代表大會常務委員會對有關條款作出解釋。如全國人民代表大會常務委員會作出解釋，香港特別行政區法院在引用該條款時，應以全國人民代表大會常務委員會的解釋為準。但在此以前作出的判決＿＿＿＿＿？

A. 不受影響

B. 應以全國人民代表大會常務委員會的解釋作出修改

C. 須經香港特別行政區終審法院作出修改

D. 須經香港特別行政區終審法院理解全國人民代表大會常務委員會的解釋後再作決定

14. 根據《基本法》第八十五條，香港特別行政區法院獨立進行審判，不受任何干涉，司法人員＿＿＿＿＿＿＿不受法律追究。

A. 的行為

B. 的言論

C. 履行審判職責的行為

D. 履行審判職責的言論

15. 根據《基本法》第一百零一條，下列的那一位官員不須在外國無居留權的香港特別行政區永久性居民中的中國公民擔任：

A. 警務處處長

B. 海關關長

C. 消防處處長

D. 入境事務處處長

練習（十一）答案：

1. B	2. C	3. D	4. C	5. D
6. D	7. D	8. B	9. D	10. D
11. B	12. A	13. A	14. C	15. C

重點練習（十二）

1.　根據《基本法》第八條，下列哪一項並不是香港原有法律，經香港特別行政區的立法機關作出修改者外，予以保留？

　　A. 普通法、衡平法

　　B. 英國國會法

　　C. 條例、附屬立法

　　D. 習慣法

2.　根據《基本法》第十條，香港特別行政區的區旗有哪些特徵？

　　A. 五星花蕊、紫荊花、紅色旗

　　B. 五星花蕊、洋金菊花、紅色旗

　　C. 五星花蕊、紫荊花、橙色旗

　　D. 五星花蕊、紫荊花、藍色旗

3.　根據《基本法》第十三條，中央人民政府負責管理與香港特別行政區有關的外交事務。＿＿＿在香港設立機構處理外交事務。中央人民政府授權香港特別行政區依照本法自行處理有關的對外事務。

　　A. 中央人民政府

　　B. 全國人民代表大會

　　C. 國務院

　　D. 中華人民共和國外交部

4. 根據《基本法》第十七條，全國人民代表大會常務委員會在徵詢其所屬的香港特別行政區基本法委員會後，如認為香港特別行政區立法機關制定的任何法律＿＿＿＿＿＿＿＿及中央和香港特別行政區的關係的條款，可將有關法律發回，但不作修改。

A. 不符合本法關於國務院管理的事務

B. 不符合本法關於人民政府管理的事務

C. 不符合本法關於中央管理的事務

D. 不符合本法關於全國人民代表大會管理的事務

5. 根據《基本法》第二十六條，香港特別行政區永久性居民依法享有＿＿＿＿。

A. 選舉權和被選舉權

B. 選舉權

C. 提名權和被提名權

D. 選舉權、被選舉權、提名權和被提名權

6. 根據《基本法》第四十八條，以下哪項並不屬於行政長官所行使的職權？

A. 決定政府政策和發佈行政命令

B. 批准向立法會提出有關財政收入或支出的動議

C. 委任三分之一的立法會議員

D. 赦免或減輕刑事罪犯的刑罰

7. 根據《基本法》第六十條，下列哪個職位並不是香港特別行政區政府設立之職位？

   A. 政務司

   B. 財政司

   C. 律政司

   D. 民政司

8. 根據《基本法》第七十二條，下列哪項並不是香港特別行政區「立法會主席」所行使之職權？

   A. 主持會議

   B. 決定議程，政府提出的議案須優先列入議程

   C. 決定政府的管治方法

   D. 決定開會時間

9. 根據《基本法》第八十九條，香港特別行政區法院的法官只有在_____或行為不檢的情況下，行政長官才可根據終審法院首席法官任命的不少於三名當地法官組成的審議庭的建議，予以免職。

   A. 錯判案件

   B. 判案時言論失當

   C. 經驗不足

   D. 無力履行職責

10. 根據《基本法》第一百零四條，香港特別行政區行政長官，就職時必須依法宣誓擁護：

    A. 《基本法》

    B. 「一個國家，兩種制度」的方針

    C. 《中華人民共和國憲法》

    D. 《中華人民共和國香港特別行政區基本法》

11. 根據《基本法》第一百一十三條，香港特別行政區的外匯基金，由_____管理和支配，主要用於調節港元匯價。

    A. 香港特別行政區政府

    B. 中央人民政府

    C. 中央銀行

    D. 金融管理局

12. 根據《基本法》第一百一十六條香港特別行政區為單獨的關稅地區。香港特別行政區可以什麼名義參加《關稅和貿易總協定》、關於國際紡織品貿易安排等有關國際組織和國際貿易協定，包括優惠貿易安排？

    A. 中華人民共和國暨香港特別行政區政府

    B. 中國香港

    C. 香港經濟特區

    D. 香港特別行政區政府

13. 根據《基本法》第一百五十條，香港特別行政區政府的代表，可作為中華人民共和國政府代表團的成員，參加由中央人民政府進行的同香港特別行政區直接有關的＿＿＿。

    A. 貿易談判

    B. 經濟談判

    C. 國際談判

    D. 外交談判

14. 根據《基本法》第一百五十一條，香港特別行政區不可以在下列領域中，以「中國香港」的名義，單獨地同世界各國、各地區及有關國際組織保持和發展關係，簽訂和履行有關協議。

    A. 環保

    B. 經濟

    C. 旅遊

    D. 體育

15. 下列哪條列於《基本法》附件三之全國性法律，並不會在香港特別行政區實施？

    A. 《中華人民共和國國旗法》

    B. 《關於中華人民共和國國慶日的決議》

    C. 《中華人民共和國國家憲法》

    D. 《中華人民共和國專屬經濟區和大陸架法》

練習（十二）答案：

1. B	2. A	3. D	4. C	5. A
6. C	7. D	8. C	9. D	10. D
11. A	12. B	13. D	14. A	15. C

重點練習（十三）

1. 根據《基本法》第十三條，中央人民政府負責管理與香港特別行政區有關的外交事務。＿＿＿在香港設立機構處理外交事務。中央人民政府授權香港特別行政區依照本法自行處理有關的對外事務。

   A. 中央人民政府

   B. 全國人民代表大會

   C. 國務院

   D. 中華人民共和國外交部

2. 根據《基本法》第七條，香港特別行政區的土地和自然資源收入？

   A. 需上繳中央

   B. 部份收益需上繳中央

   C. 不需上繳中央

   D. 不需上繳中央，除非是售賣土地的收益

3. 根據《基本法》第二十二條，中國其他地區的人進入香港特別行政區須辦理批准手續，其中進入香港特別行政區定居的人數是由＿＿＿。

   A. 立法會決定

   B. 全國人民代表大會常務委員會

   C. 香港特別行政區政府決定

   D. 中央人民政府主管部門徵求香港特別行政區政府的意見後確定

4. 根據《基本法》第四十一條，在香港特別行政區境內的香港居民以外的其他人，依法享有本章規定的香港居民的___。

A. 權利

B. 自由

C. 自由和權利

D. 權利和自由

5. 根據《基本法》第二十四條，香港特別行政區居民（簡稱香港居民）乃包括：

A. 永久性居民

B. 永久性居民和非永久性居民

C. 非永久性居民

D. 按指定計劃安排獲准來港居民

6. 根據《基本法》第二十六條，香港特別行政區永久性居民依法享有_____權。

A. 自由生育的權

B. 言論自由的權

C. 出入境自由的權

D. 選舉權和被選舉權

7. 根據《基本法》第四十三條，香港特別行政區行政長官是____的首長，代表____。香港特別行政區行政長官依照本法的規定對中央人民政府和香港特別行政區負責。

   A. 香港特別行政區政府、香港特別行政區
   B. 香港特別行政區、香港特別行政區
   C. 香港特別行政區政府、香港特別行政區政府
   D. 香港特別行政區、香港特別行政區政府

8. 根據《基本法》第一百零三條，公務人員應根據其本人的__予以任用和提升，香港原有關於公務人員的招聘、僱用、考核、紀律、培訓和管理的制度，包括負責公務人員的任用、薪金、服務條件的專門機構，除有關給予外籍人員特權待遇的規定外，予以保留。

   A. 才能、資格和經驗
   B. 學歷、經驗和才能
   C. 資格、經驗和才能
   D. 才能、學歷和經驗

9. 根據《基本法》第一百零五條，香港特別行政區依法保護____財產的取得、使用、處置和繼承的權利，以及依法徵用私人和法人財產時被徵用財產的所有人得到補償的權利。徵用財產的補償應相當於該財產當時的實際價值，可自由兌換，不得無故遲延支付。

   A. 私人
   B. 私人、法人和團體
   C. 私人和法人
   D. 個人、法人和團體

10. 根據《基本法》第一百三十七條,各類院校均可保留
　　其＿＿＿,可繼續從香港特別行政區以外招聘教職員和選用
　　教材。宗教組織所辦的學校可繼續提供宗教教育,包括開
　　設宗教課程。

A. 學術自由並享有獨立性

B. 自主性並享有學術自由

C. 學術自由並享有自主性

D. 獨立性並享有學術自由

11. 根據《基本法》第十條,香港特別行政區區旗有甚麼特
　　徵?

A. 五星花蕊、洋金菊花、紅色旗

B. 五星花蕊、紫荊花、紅色旗

C. 五星花蕊、紫荊花、藍色旗

D. 五星花蕊、紫荊花、橙色旗

12. 根據《基本法》第一百三十四條，中央人民政府授權香港特別行政區政府：

同其他當局商談並簽訂有關執行本法第一百三十三條所指民用航空運輸協定和臨時協議的各項安排；

對在香港特別行政區註冊並以香港為主要營業地的航空公司簽發執照；

依照本法第一百三十三條所指民用航空運輸協定和臨時協議指定航空公司；

對外國航空公司除_____的航班以外的其他航班簽發許可證。

A. 往返、經停中國內地

B. 往返中國內地主要城市

C. 往返中國內地

D. 往返、經停中國內地主要城市

13. 根據《基本法》第一百四十八條，香港特別行政區的教育、科學、技術、文化、藝術、體育、專業、醫療衛生、勞工、社會福利、社會工作等方面的民間團體和宗教組織同內地相應的團體和組織的關係，應以_____的原則為基礎。

A. 互相尊重、互不干涉和互不隸屬

B. 互相尊重、互不隸屬和互不干涉

C. 互不干涉、互不隸屬和互相尊重

D. 互不隸屬、互不干涉和互相尊重

14. 根據《基本法》第一百五十七條，下列哪項陳述並不正確？

外國在香港特別行政區設立領事機構或其他官方、半官方機構，須經中央人民政府批准。

A. 已同中華人民共和國建立正式外交關係的國家在香港設立的領事機構和其他官方機構，可予保留

B. 尚未同中華人民共和國建立正式外交關係的國家在香港設立的領事機構和其他官方機構，可根據情況允許保留或改為半官方機構

C. 尚未為中華人民共和國承認的國家，將會逐步在香港特別行政區設立民間機構

D. 尚未為中華人民共和國承認的國家，只能在香港特別行政區設立民間機構

15. 根據《基本法》第一百一十三條，香港特別行政區的外匯基金，由香港特別行政區政府管理和支配，主要用於_____。

A. 操控境外資產的規範運作

B. 策略性投資期貨市場

C. 購買其他國家之國債

D. 調節港元匯價

練習（十三）答案：
1. D	2. C	3. D	4. D	5. B
6. D	7. B	8. C	9. C	10. B
11. B	12. A	13. D	14. C	15. D

重點練習（十四）

1. 根據《基本法》第六十七條，香港特別行政區立法會由在外國無居留權的香港特別行政區永久性居民中的中國公民組成。但非中國籍的香港特別行政區永久性居民和在外國有居留權的香港特別行政區永久性居民也可以當選為香港特別行政區立法會議員，其所佔比例不得超過立法會全體議員的___。

   A. 百分之十
   B. 百分之二十
   C. 百分之三十
   D. 百分之四十

2. 根據《基本法》第七條，香港特別行政區境內的土地和自然資源屬於國家所有，由香港特別行政區政府負責管理、使用、開發、出租或批給____使用或開發，其收入全歸香港特別行政區政府支配。

   A. 個人
   B. 個人、法人
   C. 個人、法人或團體
   D. 私人、法人或團體

3. 根據《基本法》第二十二條，中國其他地區的人進入香港特別行政區須辦理批准手續，其中進入香港特別行政區定居的人數是由____。

A. 立法會決定

B. 香港特別行政區政府決定

C. 全國人民代表大會常務委員會確定

D. 中央人民政府主管部門徵求香港特別行政區政府的意見後確定

4. 根據《基本法》第三十五條，下列哪項並不是香港居民可以享有的權利？

A. 選擇律師及時保護自己干犯的違法行為

B. 有權對政府行政部門和行政人員的行為向法院提起訴訟

C. 秘密法律諮詢

D. 向法院提起訴訟

5. 根據《基本法》第四十五條，香港特別行政區行政長官在當地通過選舉或協商產生，由中央人民政府任命。行政長官的產生辦法根據香港特別行政區的實際情況和循序漸進的原則而規定，最終達至由一個有廣泛代表性的提名委員會按____程序提名後普選產生的目標。

A. 正確程序

B. 公平程序

C. 提名程序

D. 民主程序

6. 根據《基本法》第五十六條，香港特別行政區行政會議由行政長官主持。

   行政長官在作下列哪項決策時，須徵詢行政會議的意見？

   A. 人事任免
   B. 制定附屬法規
   C. 紀律制裁
   D. 緊急情況下採取的措施

7. 根據《基本法》第六十一條，香港特別行政區的主要官員由在香港通常居住連續滿十五年並在外國無居留權的香港特別行政區永久性居民中的中國公民擔任。

   根據《基本法》第一百零一條，下列哪位官員並不需要在外國無居留權的永久性居民中的中國公民擔任？

   A. 政務司司長
   B. 申訴專員
   C. 警務處處長
   D. 保安局局長

8. 根據《基本法》第一百零三條，公務人員應根據其本人的_____以任用和提升，香港原有關於公務人員的招聘、僱用、考核、紀律、培訓和管理的制度，包括負責公務人員的任用、薪金、服務條件的專門機構，除有關給予外籍人員特權待遇的規定外，予以保留。

   A. 學歷、經驗和才能
   B. 資格、經驗和才能
   C. 才能、資格和經驗
   D. 才能、學歷和經驗

9. 根據《基本法》第一百二十條，香港特別行政區成立前已批出、決定、或續期的超越一九九七年六月三十日年期的所有土地契約和與土地契約有關的一切權利，均按香港特別行政區的法律繼續＿＿＿＿。

   A. 予以承認

   B. 予以承認和保護

   C. 有效

   D. 承認和有效

10. 根據《基本法》第一百三十七條，各類院校均可保留其＿＿＿＿，可繼續從香港特別行政區以外招聘教職員和選用教材。宗教組織所辦的學校可繼續提供宗教教育，包括開設宗教課程。

    A. 學術自由並享有獨立性

    B. 學術自由並享有自主性

    C. 獨立性並享有學術自由

    D. 自主性並享有學術自由

11. 根據《基本法》第四十一條，在香港特別行政區境內的香港居民以外的其他人，依法享有本章規定的香港居民的＿＿＿＿＿＿＿＿。

    A. 權利

    B. 自由

    C. 權利和自由

    D. 自由和權利

12. 根據《基本法》第四十九條,香港特別行政區「行政長官」如認為立法會通過的法案不符合香港特別行政區的整體利益,可在幾多個月內將法案發回立法會重議?

    立法會如以不少於全體議員三分之二多數再次通過原案,行政長官必須在一個月內簽署公佈或按本法第五十條的規定處理。

    A. 一個月

    B.兩個月

    C. 三個月

    D.四個月

13. 根據《基本法》第四十五條,香港特別行政區行政長官由誰任命?

    A. 立法會主席

    B. 行政會主席

    C. 終審法院

    D. 中央人民政府

14. 根據《基本法》第二十三條，香港特別行政區應自行立法禁止_____行為，禁止外國的政治性組織或團體在香港特別行政區進行政治活動，禁止香港特別行政區的政治性組織或團體與外國的政治性組織或團體建立聯繫。

A. 任何叛國、分裂國家、煽動叛亂、顛覆中央人民政府及竊取國家機密的行為，

B. 任何叛國、煽動叛亂、顛覆中央人民政府及竊取國家機密的行為，

C. 分裂國家、煽動叛亂、顛覆中央人民政府及竊取國家機密的行為，

D. 顛覆中央人民政府及竊取國家機密的行為。

15. 根據《基本法》附件三，在香港特別行政區實施的全國性法律，下列有哪些全國性法律，是自一九九七年七月一日起由香港特別行政區在當地公佈或立法實施？

A. 關於中華人民共和國國慶日的決議、中華人民共和國國徽法、中華人民共和國海洋法、中華人民共和國領海和毗連區法

B. 關於中華人民共和國國徽的決議、關於中華人民共和國國慶日的決議、中華人民共和國國籍法、中華人民共和國國旗法

C. 中華人民共和國國徽法、中華人民共和國政府關於領海的聲明、中華人民共和國外交特權與豁免條例、中華人民共和國領事特權與豁免條例

D. 中華人民共和國領海和毗連區法、中華人民共和國海洋法、中華人民共和國香港特別行政區駐軍法、中華人民共和國專屬經濟區和大陸架法

練習（十四）答案：
1. B	2. C	3. D	4. A	5. D
6. B	7. B	8. B	9. B	10. D
11. C	12. C	13. D	14. A	15. C

PART V 《國安法》重點試題

重點練習(一)

1. 根據《中華人民共和國香港特別行政區維護國家安全法》第三條，香港特別行政區負有_____的憲制責任，應當履行維護國家安全的職責。

   A. 《基本法》23條立法

   B. 維護國家安全

   C. 保護中國國家安全

   D. 保障市民生命財產

2. 根據《中華人民共和國香港特別行政區維護國家安全法》第四條，香港特別行政區維護國家安全應當_____和_____。

   A. 尊重和保障人權

   B. 尊重他人的自由和保障市民生命財產

   C. 互相尊重和平等互利

   D. 互不侵犯和互不干涉

3. 根據《中華人民共和國香港特別行政區維護國家安全法》第五條，在防範、制止和懲治危害國家安全犯罪，應當堅持_____原則。

   A. 法定

   B. 法治

   C. 法治精神

   D. 法律精神

4. 根據《中華人民共和國香港特別行政區維護國家安全法》第八條，執法、司法機關應當切實執行本法和香港特別行政區現行法律有關_____、_____和_____危害國家安全行為和活動的規定，有效維護國家安全。

A. 防止、制止和阻止

B. 防止、防範和阻止

C. 防範、制止和懲治

D. 防範、拘禁和懲治

5. 根據《中華人民共和國香港特別行政區維護國家安全法》第九條，香港特別行政區應當加強維護國家安全和防範恐怖活動的工作。對學校、社會團體、媒體、網絡等涉及國家安全的事宜，香港特別行政區政府應當採取必要措施，加強_____、_____、_____和_____。

A. 宣傳、指導、監督和管理

B. 宣傳、教育、督導和問責

C. 宣傳、推廣、監督和規管

D. 宣傳、教育、推廣和問責

6. 根據《中華人民共和國香港特別行政區維護國家安全法》第二十九條〈勾結外國或者境外勢力危害國家安全罪〉，為外國或者境外機構、組織、人員竊取、刺探、收買、非法提供涉及國家安全的_____或者_____的均屬犯罪。

A. 國家秘密或者情報

B. 重大秘密或者絕密情報

C. 洩秘或者是危害國家安全

D. 國家機密或者進行間諜活動

7. 根據《中華人民共和國香港特別行政區維護國家安全法》第三十一條，公司、團體等＿＿＿＿＿＿或者＿＿＿＿＿＿因犯本法規定的罪行受到刑事處罰的，應責令其暫停運作或者吊銷其執照或者營業許可證。

   A. 東主 或者 公司股東

   B. 董事 或者 非執行董事

   C. 成員 或者 董事局成員

   D. 法人 或者 非法人組織

8. 根據《中華人民共和國香港特別行政區維護國家安全法》第四十一條，香港特別行政區管轄危害國家安全犯罪案件的立案＿＿＿＿＿、＿＿＿＿＿、＿＿＿＿＿和＿＿＿＿＿的執行等訴訟程序事宜，適用本法和香港特別行政區本地法律。

   A. 偵查、檢控、審判 和 刑罰

   B. 偵查、檢控、審理 和 保釋

   C. 調查、檢控、定罪 和 保釋

   D. 調查、檢控、定罪 和 扣押

9. 根據《中華人民共和國香港特別行政區維護國家安全法》第六十條

   持有駐香港特別行政區維護國家安全公署制發的證件或者證明文件的人員和車輛等在執行職務時不受香港特別行政區執法人員＿＿＿＿＿＿、＿＿＿＿＿＿和＿＿＿＿＿＿。

   A. 檢驗、搜查和扣留

   B. 檢查、搜查和扣押

   C. 截停、盤問和搜查

   D. 偵查、勘驗和羈留

10. 根據《中華人民共和國香港特別行政區維護國家安全法》
    第四十四條，在裁判法院、區域法院、高等法院和終審法
    院就危害國家安全犯罪案件提起的刑事檢控程序應當　分
    別 由各該法院的＿＿＿＿＿＿＿＿處理。

    A. 首席法官

    B. 指定法官

    C. 特委法官

    D. 司法常務官

重點練習(二)

1. 根據《中華人民共和國香港特別行政區維護國家安全法》
   第四十六條，凡律政司長發出證書，高等法院原訟法庭應
   當在沒有陪審團的情況下進行審理，並由_____法官組成
   審判庭。

   A. 兩名
   B. 三名
   C. 四名
   D. 五名

2. 根據《中華人民共和國香港特別行政區維護國家安全法》
   第四十九條，以下哪一項**並不是**駐香港特別行政區維護國
   家安全公署的職責：

   A. 分析研判香港特別行政區維護國家安全形勢，就維
      護國家安全重大戰略和重要政策提出意見和建議
   B. 監督、指導、協調、支持香港特別行政區履行維護
      國家安全的職責
   C. 打擊危害國家安全犯罪分子清洗黑錢及資金籌集
   D. 收集分析國家安全情報信息

3. 根據《中華人民共和國香港特別行政區維護國家安全法》
   第五十一條，中央人民政府駐香港特別行政區維護國家安
   全公署的經費是由那機構負責？

   A. 律政司
   B. 立法會
   C. 行政長官
   D. 中央財政保障

4. 根據《中華人民共和國香港特別行政區維護國家安全法》第六十條，駐香港特別行政區維護國家安全公署及其人員依據本法執行職務的行為，不受＿＿＿＿＿＿＿＿管轄。

A. 香港警務處

B. 香港司法制度

C. 香港司法機構

D. 香港特別行政區

5. 根據《中華人民共和國香港特別行政區維護國家安全法》第六十五條，本法的解釋權屬於＿＿＿＿＿＿＿。

A. 律政司及保安局

B. 維護國家安全公署

C. 全國人民代表大會

D. 全國人民代表大會常務委員會

6. 根據《2020年全國性法律公布》，按《基本法》第十八條，把《中華人民共和國香港特別行政區維護國家安全法》列入《基本法》的那一條條文之中？

A. 第二十三條

B. 附件一

C. 附件二

D. 附件三

7. 根據《中華人民共和國香港特別行政區維護國家安全法》第一條，為堅定不移並全面準確貫徹「一國兩制」、「港人治港」、高度自治的方針，維護國家安全，防範、制止和懲治與香港特別行政區有關的犯罪。以下那一項**並不是**相關之罪行？

   A. 分裂國家
   B. 顛覆國家政權
   C. 組織實施恐怖活動
   D. 串謀煽動他人破壞國家罪

8. 根據《中華人民共和國香港特別行政區維護國家安全法》第三條，香港特別行政區的哪些機關，應當依據本法和其他有關法律規定，有效防範、制止和懲治危害國家安全的行為和活動？

   A. 行政機關
   B. 立法機關
   C. 司法機關
   D. 以上皆是

9. 根據《中華人民共和國香港特別行政區維護國家安全法》第十三條，香港特別行政區維護國家安全委員會下設秘書處，由秘書長領導。秘書長由行政長官提名，報_____任命。

   A. 國務院
   B. 中聯辦
   C. 中央人民政府
   D. 全國人民代表大會

10. 根據《中華人民共和國香港特別行政區維護國家安全法》
第五條，任何人未經＿＿＿＿＿＿＿＿之前均假定無罪。保
障犯罪嫌疑人、被告人和其他訴訟參與人依法享有的辯護
權和其他訴訟權利。

A. 陪審團判罪

B. 司法機關判罪

C. 警務處國家安全處落案控告

D. 律政司國家安全犯罪案件部門檢控

重點練習(二)答案
1. B	2. C	3. D	4. D	5. D
6. D	7. D	8. D	9. C	10. B

重點練習(三)

1. 根據《中華人民共和國香港特別行政區維護國家安全法》
    第六條，_____、_____和_____是包括香港同胞在
    內的全中國人民的共同義務。

    A.維護國家安全、核心和領土權益

    B.維護國家主權、統一和領土完整

    C.維護國家領土、主權和政權完整

    D.維護國家尊嚴、民族和人民的尊嚴

2. 根據《中華人民共和國香港特別行政區維護國家安全
    法》第九條，香港特別行政區應當加強維護國家安全和防
    範_____的工作。對學校、社會團體、媒體、網絡等
    涉及國家安全的事宜，香港特別行政區政府應當採取必要
    措施，加強宣傳、指導、監督和管理。

    A. 任何叛國

    B. 煽動叛亂

    C. 恐怖活動

    D. 竊取國家機密

3. 根據《中華人民共和國香港特別行政區維護國家安全法》
    第十條，香港特別行政區應當通過學校、社會團體、媒
    體、網絡等開展國家安全教育，提高香港特別行政區居民
    的_____和_____。

    A. 安全意識和守法意識

    B. 國家安全意識和守法意識

    C. 維護香港特別行政區穩定和守法意識

    D. 維護國家安全法律的意識和守法意識

4. 根據《中華人民共和國香港特別行政區維護國家安全法》
    第十一條，如＿＿＿＿＿＿＿提出要求，行政長官應當就維
    護國家安全特定事項及時提交報告。

    A. 中央人民政府
    B. 國家安全事務顧問
    C. 維護國家安全委員會
    D. 中央人民政府駐香港特別行政區聯絡辦公室(中聯辦)

5. 根據《中華人民共和國香港特別行政區維護國家安全法》
    第十二條，香港特別行政區設立維護國家安全委員會，負
    責香港特別行政區維護國家安全事務，承擔維護國家安全
    的主要責任，並接受＿＿＿＿＿＿的監督和問責。

    A. 國務院
    B. 中央人民政府
    C. 全國人民代表大會
    D. 外交部駐港特派員公署

6. 根據《中華人民共和國香港特別行政區維護國家安全法》
    第十三條，香港特別行政區維護國家安全委員會由行政長
    官擔任主席，成員**並不**包括以下那一位？

    A. 政務司長
    B. 保安局局長
    C. 警務處處長
    D. 立法會主席

7. 根據《中華人民共和國香港特別行政區維護國家安全法》第十四條，香港特別行政區維護國家安全委員會作出的決定不受_____。

    A. 司法覆核

    B. 上訴許可申請

    C. 終審法院的常規及程序規管

    D. 香港特別行政區的法律規管

8. 根據《中華人民共和國香港特別行政區維護國家安全法》第十五條，香港特別行政區維護國家安全委員會設立_____，由中央人民政府指派，就香港特別行政區維護國家安全委員會履行職責相關事務提供意見。

    A. 律政司副司長

    B. 國家安全事務顧問

    C. 警務處副處長(國家安全)

    D. 維護國家安全檢控專員

9. 根據《中華人民共和國香港特別行政區維護國家安全法》第十六條，警務處維護國家安全部門負責人由行政長官任命，行政長官任命前須書面徵求_____的意見。

    A. 中華人民共和國全國人民代表大會常務委員會

    B. 中央人民政府駐香港特別行政區維護國家安全公署

    C. 中華人民共和國外交部駐香港特別行政區特派員公署

    D. 中央人民政府駐香港特別行政區聯絡辦公室(中聯辦)

10. 根據《中華人民共和國香港特別行政區維護國家安全法》第十九條，財政司長**須多久就維護國家安全的開支**的控制和管理向立法會提交報告。

A. 不用

B. 每年

C. 每3年

D. 特別情況下

重點練習(三)答案

| 1. B | 2. C | 3. B | 4. A | 5. B |
| 6. D | 7. A | 8. B | 9. B | 10. B |

重點練習(四)

1. 根據《中華人民共和國香港特別行政區維護國家安全法》
    第二十條〈分裂國家罪〉，任何人組織、策劃、實施或者
    參與實施以下旨在**分裂國家、破壞國家統**一行為之一的，
    不論是否使用武力或者以武力相威脅，即屬犯罪：

    對首要分子或者罪行重大的，處_____或者_____有期
    徒刑。

    A.   無期徒刑或者五年以上
    B.   無期徒刑或者十年以上
    C.   無期徒刑或者十五年以上
    D.   無期徒刑或者二十年以上

2. 根據《中華人民共和國香港特別行政區維護國家安全法》
    第一條，旨在切實防範、制止和懲治那些嚴重危害國家安
    全的罪行？

    A.   分裂國家罪
    B.   顛覆國家政權罪
    C.   勾結外國或者境外勢力危害國家安全罪
    D.   以上皆是

3. 根據《中華人民共和國香港特別行政區維護國家安全法》第六條，香港特別行政區居民在參選或者就任公職時，應當依法簽署文件確認或者宣誓擁護《中華人民共和國香港特別行政區基本法》以及效忠＿＿＿＿＿＿＿？

A. 中國共產黨

B. 中央人民政府

C. 香港特別行政區行政長官

D. 中華人民共和國香港特別行政區

4. 根據《中華人民共和國香港特別行政區維護國家安全法》第三十六條

在香港特別行政區註冊的船舶或者＿＿＿＿＿內實施本法規定的犯罪的，也適用本法。

A. 飛機

B. 民航機

C. 航空器

D. 飛行器

5. 根據《中華人民共和國香港特別行政區維護國家安全法》第四十一條，未經＿＿＿＿＿書面同意，任何人不得就危害國家安全犯罪案件提出檢控。

A. 律政司長

B. 保安局局長

C. 警務處副處長（國家安全）

D. 維護國家安全公署

6. 根據《中華人民共和國香港特別行政區維護國家安全法》
第四十一條，因為涉及_____、_____等情形不宜公
開審理的，禁止新聞界和公眾旁聽全部或者一部分審理程
序，但判決結果應當一律公開宣佈。

A. 國家秘密、公共秩序

B. 國家利益、官方機密條例

C. 危害國家安全、顛覆國家政權

D. 中華人民共和國國家機密、香港特別行政區秘密

7. 根據《中華人民共和國香港特別行政區維護國家安全法》
第四十二條，香港特別行政區執法、司法機關在適用香港
特別行政區現行法律有關羈押、審理期限等方面的規定
時，應當確保危害國家安全犯罪案件公正、及時辦理，有
效_____、_____和_____危害國家安全犯罪。

A. 防範、制止和懲治

B. 防止、阻止和檢控

C. 防範、制止和訴訟

D. 防範、阻止和裁決

8. 根據《中華人民共和國香港特別行政區維護國家安全法》第四十三條，香港特別行政區政府警務處維護國家安全部門辦理危害國家安全犯罪案件時，可以採取香港特別行政區現行法律准予警方等執法部門在調查嚴重犯罪案件時採取的各種措施，**並可以採取以下措施：**

   A. 對有合理理由懷疑擁有與偵查有關的資料或者管有有關物料的人員，要求其回答問題和提交資料或者物料

   B. 據本條被要求提供或提交任何與享有法律特權的品目有關的資料或物料，律師(包括大律師)則可被要求提供其客戶的姓名、名稱及地址

   C. 凡獲授權人執行根據本條例簽發的手令進入處所後，可扣押及扣留任何相當可能與該手令所關的偵查有關的物料，包括享有法律特權的物品目

   D. 為遵從根據本條所提要求而提交的任何物料，獲授權人可將該物料攝影或複印

9. 根據《中華人民共和國香港特別行政區維護國家安全法》第四十四條，在獲任指定法官期間，如有_____的，終止其指定法官資格。

   A. 危害國家安全言行

   B. 抹黑中央人民政府

   C. 批評香港特別行政區政府

   D. 批評香港特別行政區政府行政長官

10. 根據《中華人民共和國香港特別行政區維護國家安全
    法》第四十八條，中央人民政府在香港特別行政區設
    立＿＿＿＿＿＿＿，依法履行維護國家安全職責，行使相關
    權力。

    A. 警務處國安處處長
    B. 維護國家安全公署
    C. 維護國家安全委員會
    D. 外交部駐港特派員公署

重點練習(四)答案
1. B   2. D   3. D   4. C   5. A
6. A   7. A   8. A   9. A   10. B

重點練習(五)

1. 根據《中華人民共和國香港特別行政區維護國家安全法》第五十條，駐香港特別行政區_____人員除須遵守全國性法律外，還應當遵守香港特別行政區法律。

   A. 國家安全處
   B. 維護國家安全公署
   C. 維護國家安全委員會
   D. 中華人民共和國國家安全部

2. 根據《中華人民共和國香港特別行政區維護國家安全法》第五十六條，根據本法第五十五條規定管轄有關危害國家安全犯罪案件時，由駐香港特別行政區_____負責立案偵查，最高人民檢察院指定有關檢察機關行使檢察權，最高人民法院指定有關法院行使審判權。

   A. 律政司
   B. 保安局
   C. 警務處國安處
   D. 維護國家安全公署

3. 根據《中華人民共和國香港特別行政區維護國家安全法》第五十七條，根據本法第五十五條規定管轄案件的立案偵查、審查起訴、審判和刑罰的執行等訴訟程序事宜，適用＿＿＿＿＿＿＿＿等相關法律的規定。

A. 《中華人民共和國憲法》

B. 《中華人民共和國立法法》

C. 《中華人民共和國刑事訴訟法》

D. 《中華人民共和國香港特別行政區維護國家安全法》

4. 根據《中華人民共和國香港特別行政區維護國家安全法》第五十八條，犯罪嫌疑人、被告人被合法拘捕後，享有儘早接受＿＿＿＿＿＿＿＿公正審判的權利。

A. 執法機關

B. 檢控機關

C. 法院機關

D. 司法機關

5. 根據《中華人民共和國香港特別行政區維護國家安全法》第六十條，駐香港特別行政區＿＿＿＿＿＿＿＿及其人員依據本法執行職務的行為，不受香港特別行政區管轄。

A. 中聯辦

B. 外交部特派員公署

C. 警務處國家安全處

D. 維護國家安全公署

6.　根據《中華人民共和國香港特別行政區維護國家安全法》
　　第六十二條，香港特別行政區本地法律規定與本法不一致
　　的，適用＿＿＿＿＿＿規定。

　　A.　本法

　　B.　中華人民共和國憲法

　　C.　中華人民共和國香港特別行政區基本法

　　D.　中華人民共和國香港特別行政區維護國家安全法

7.　根據《中華人民共和國香港特別行政區維護國家安全法》
　　第二條，香港特別行政區任何機構、組織和個人在行使權
　　利和自由時，＿＿＿＿＿＿？

　　A.　不受法律約束

　　B.　不受任何限制或約束

　　C.　不可基於客觀事實批評香港特區政府的政策

　　D.　不得違背有關香港特別行政區是中華人民共和國不
　　　　可分離的部分的規定

8.　根據《中華人民共和國香港特別行政區維護國家安全法》
　　第六條，以下那些是需要遵守本法？

　　A.　香港特別行政區的任何機構

　　B.　香港特別行政區的任何組織

　　C.　香港特別行政區的任何個人

　　D.　以上皆是

9. 根據《中華人民共和國香港特別行政區維護國家安全法》第十五條，誰人列席香港特別行政區維護國家安全委員會會議？

   A. 中聯辦主任

   B. 國家安全事務顧問

   C. 警務處副處長(國家安全)

   D. 外交部駐港特派員公署特派員

10. 根據《中華人民共和國香港特別行政區維護國家安全法》第四十三條，香港特別行政區政府警務處維護國家安全部門辦理危害國家安全犯罪案件時，可以採取香港特別行政區現行法律准予警方等執法部門在調查嚴重犯罪案件時採取各種措施。

    以下哪一項**並不是**警務處維護國家安全部門辦理危害國家安全犯罪案件時可以採取的各種措施：

    A. 搜查可能存有犯罪證據的處所、車輛、船隻、航空器以及其他有關地方和電子設備

    B. 羈押該人一段合理期間，在該期間內由該警務人員查究該人是否涉嫌在任何時候犯了任何危害國家安全罪行

    C. 要求涉嫌實施危害國家安全犯罪行為的人員交出旅行證件或者限制其離境

    D. 對用於或者意圖用於犯罪的財產、因犯罪所得的收益等與犯罪相關的財產，予以凍結，申請限制令、押記令、沒收令以及充公

重點練習(五)答案

1. B	2. D	3. C	4. D	5. D
6. A	7. D	8. D	9. B	10. B

重點練習(六)

1. 根據《中華人民共和國香港特別行政區維護國家安全法》第一條，為堅定不移並全面準確貫徹「一國兩制」、「港人治港」、高度自治的方針，維護國家安全，防範、制止和懲治與香港特別行政區有關的犯罪。以下那一項**並不是**相關之罪行？

   A. 間諜罪

   B. 顛覆國家政權罪

   C. 組織實施恐怖活動罪

   D. 勾結外國或者境外勢力危害國家安全罪

2. 根據《中華人民共和國香港特別行政區維護國家安全法》第八條，香港特別行政區執法、司法機關應當切實執行本法和香港特別行政區現行法律有關防範、制止和懲治危害國家安全行為和活動的規定，有效＿＿＿＿＿＿＿＿＿＿＿。

   A. 維護國家統一

   B. 維護領土完整

   C. 維護主權完整

   D. 維護國家安全

3. 根據《中華人民共和國香港特別行政區維護國家安全法》
第九條，香港特別行政區應當加強＿＿＿＿＿和＿＿＿＿＿
的工作。對學校、社會團體、媒體、網絡等涉及國家安全
的事宜，香港特別行政區政府應當採取必要措施，加強宣
傳、指導、監督和管理。

A. 維持治安和維護法紀

B. 維護國家安全和防範恐怖活動

C. 維護國家繁榮和香港特別行政區穩定

D. 維護中央人民政府安全和防範分裂國家活動

4. 根據《中華人民共和國香港特別行政區維護國家安全法》
第十一條，如中央人民政府提出要求，行政長官應當就維
護國家安全特定事項及時提交＿＿＿＿＿＿。

A. 報告

B. 進展報告

C. 特定報告

D. 年度報告

5. 根據《中華人民共和國香港特別行政區維護國家安全法》
第二十一條〈分裂國家罪〉，任何人＿＿＿＿＿＿＿、＿＿＿＿＿＿
、＿＿＿＿＿＿、＿＿＿＿＿＿或者其他財物資助他人實施本法第
二十條規定的犯罪〈分裂國家罪〉的，即屬犯罪。

A. 煽動、協助、教唆、以金錢

B. 協助、教唆、慫使、以金錢

C. 煽惑、促致、唆使、以金錢

D. 煽動、教唆、唆使、以金錢

6. 根據《中華人民共和國香港特別行政區維護國家安全法》第二十二條**顛覆國家政權罪**，任何人組織、策劃、實施或者參與實施以下以武力、威脅使用武力或者其他非法手段旨在顛覆國家政權行為之一的，即屬犯罪：

(一) 推翻、破壞＿＿＿＿＿＿所確立的中華人民共和國根本制度。

A. 國務院

B. 中央人民政府

C. 全國人民代表大會

D. 中華人民共和國憲法

7. 根據《中華人民共和國香港特別行政區維護國家安全法》第二十四條〈恐怖活動罪〉，為脅迫中央人民政府、香港特別行政區政府或者國際組織或者威嚇公眾以圖實現政治主張，組織、策劃、實施、參與實施或者威脅實施以下造成或者意圖造成嚴重社會危害的恐怖活動之一的，即屬犯罪：

以下哪一項**並不是**〈恐怖活動罪〉的活動：

A. 煽惑他人意圖造成身體嚴重傷害

B. 爆炸、縱火或者投放毒害性、放射性、傳染病病原體等物質

C. 破壞交通工具、交通設施、電力設備、燃氣設備或者其他易燃易爆設備

D. 嚴重干擾、破壞水、電、燃氣、交通、通訊、網絡等公共服務和管理的電子控制系統

8. 根據《中華人民共和國香港特別行政區維護國家安全法》
    第四十一條，未經律政司長書面同意，任何人不得就危害
    國家安全犯罪案件提出檢控。但該規定不影響就有關犯罪
    依法逮捕犯罪嫌疑人並將其羈押，也不影響該等犯罪嫌疑
    人_____。

    A. 司法覆核
    B. 提出抗辯
    C. 保外就醫
    D. 申請保釋

9. 根據《中華人民共和國香港特別行政區維護國家安全法》
    第四十三條，香港特別行政區政府警務處維護國家安全部
    門辦理危害國家安全犯罪案件時，可以採取香港特別行政
    區現行法律准予警方等執法部門在調查嚴重犯罪案件時採
    取各種措施。

    以下哪一項**並不是**警務處維護國家安全部門辦理危害國家
    安全犯罪案件時可以採取的各種措施：

    A. 要求信息發佈人或者有關服務商移除信息或者提供
        協助
    B. 要求外國及境外政治性組織，外國及境外當局或者
        政治性組織的代理人提供資料
    C. 經行政長官批准，對有合理理由懷疑涉及實施危害
        國家安全犯罪的人員進行截取通訊和秘密監察
    D. 經行政長官批准，在任何情況下批予進行截取通訊
        和秘密監察期間，時限則不受此限制。

10. 根據《中華人民共和國香港特別行政區維護國家安全法》第四十四條，香港特別行政區行政長官應當從裁判官、區域法院法官、高等法院原訟法庭法官、上訴法庭法官以及終審法院法官中指定若干名法官，也可從暫委或者特委法官中指定若干名法官，負責處理危害國家安全犯罪案件。

行政長官在指定法官前可徵詢香港特別行政區維護國家安全委員會和_____的意見。

A. 保安局局長

B. 中聯辦主任

C. 終審法院首席法官

D. 警務處國安處處長

重點練習(六)答案
1. A	2. D	3. B	4. D	5. A
6. D	7. A	8. D	9. D	10. C

重點練習(七)

1. 根據《中華人民共和國香港特別行政區維護國家安全法》第五條，任何人未經司法機關判罪之前均假定無罪。保障犯罪_____、_____和_____依法享有的辯護權和其他訴訟權利。

A.被捕人、証人和其他涉案人

B.被捕人、被告人和其他法定人

C.嫌疑人、嫌疑犯和其他訴訟參與人

D.嫌疑人、被告人和其他訴訟參與人

2. 根據《中華人民共和國香港特別行政區維護國家安全法》第六條，香港特別行政區居民在參選或者就任公職時應當依法簽署文件確認或者宣誓擁護_____，效忠中華人民共和國香港特別行政區。

A. 中華人民共和國憲法

B. 中華人民共和國香港特別行政區基本法

C. 香港特別行政區維護國家安全法

D. 香港特別行政區法律

3. 根據《中華人民共和國香港特別行政區維護國家安全法》第九條，為加強維護國家安全和防範恐怖活動的工作，香港特別行政區應當採取必要措施，加強宣傳、指導、監督和管理那些組織？

A. 學校、社會團體、媒體、網絡

B. 工會、社區組織協會、教育團體

C. 宗教、公務員團體、慈善組織協會

D. 獲豁免註冊社團、鄉事委員會、區域組織

4. 根據《中華人民共和國香港特別行政區維護國家安全法》
   第十三條

   香港特別行政區維護國家安全委員會由＿＿＿＿＿＿＿＿擔任主
   席。

   A. 行政長官

   B. 政務司長

   C. 終審法院首席法官

   D. 中央人民政府駐香港特別行政區聯絡辦公室主任

5. 根據《中華人民共和國香港特別行政區維護國家安全法》
   第十四條，香港特別行政區＿＿＿＿＿＿＿＿的工作不受香港特
   別行政區任何其他機構、組織和個人的干涉，工作信息不
   予公開。

   A. 律政司

   B. 保安局

   C. 警務處國家安全處

   D. 維護國家安全委員會

6. 根據《中華人民共和國香港特別行政區維護國家安全法》
   第十六條，香港特別行政區政府警務處設立維護國家安全
   的部門，配備＿＿＿＿＿＿＿＿。

   A. 調查權力

   B. 拘捕權力

   C. 執法力量

   D. 秘密審判

7. 根據《中華人民共和國香港特別行政區維護國家安全法》第十六條,警務處維護國家安全部門負責人在就職時應當宣誓**效忠** _____ 。

   A. 中國共產黨

   B. 中央人民政府

   C. 中華人民共和國香港特別行政區

   D. 中華人民共和國全國人民代表大會

8. 根據《中華人民共和國香港特別行政區維護國家安全法》第十七條,以下哪一項**並不是**警務處維護國家安全部門的職責:

   A. 調查危害國家安全犯罪案件

   B. 收集分析涉及國家安全的情報信息

   C. 進行反間諜調查和逮捕破壞國家安全分子

   D. 部署、協調、推進維護國家安全的措施和行動

9. 根據《中華人民共和國香港特別行政區維護國家安全法》第十九條,關於維護國家安全的開支**不受**香港特別行政區現行有關_____的限制。

   A. 施政報告

   B. 稅務收入

   C. 法律規定

   D. 財政預算案

10. 根據《中華人民共和國香港特別行政區維護國家安全法》第二十條〈分裂國家罪〉，任何人_____、_____、_____或者_____以下旨在**分裂國家、破壞國家統一** 行為之一的，不論是否使用武力或者以武力相威脅，即屬犯罪。

A. 組織、策劃、實施或者參與實施

B. 組織、策劃、串謀或者串謀實施

C. 組織、策劃、威脅或者參與威脅

D. 組織、策劃、推翻或者參與推翻

重點練習(七)答案
1. D	2. B	3. A	4. A	5. D
6. C	7. C	8. C	9. C	10. A

重點練習(八)

1. 根據《中華人民共和國香港特別行政區維護國家安全法》第六條，在香港特別行政區的任何機構、組織和個人都應當遵守本法和香港特別行政區有關維護國家安全的其他法律，不得從事＿＿＿＿的＿＿＿＿和＿＿＿＿。

   A. 顛覆國家政權的行為和活動

   B. 危害國家安全的行為和活動

   C. 破壞國家安全的行為和活動

   D. 分裂國家的行為和活動

2. 根據《中華人民共和國香港特別行政區維護國家安全法》第十一條，行政長官應當就香港特別行政區維護國家安全事務向＿＿＿＿＿負責，並就香港特別行政區履行維護國家安全職責的情況提交年度報告。

   A. 中央人民政府

   B. 國家安全事務顧問

   C. 香港特別行政區政府

   D. 維護國家安全委員會

3. 根據《中華人民共和國香港特別行政區維護國家安全法》第十二條，香港特別行政區設立＿＿＿＿＿，負責香港特別行政區維護國家安全事務，承擔維護國家安全的主要責任，並接受中央人民政府的監督和問責。

   A. 國安部門

   B. 國家安全處

   C. 國家安全顧問

   D. 維護國家安全委員會

4. 根據《中華人民共和國香港特別行政區維護國家安全法》第十四條，以下哪一項**並不是**香港特別行政區維護國家安全委員會承擔的職責？

    A. 就危害國家安全案件提出檢控

    B. 分析研判香港特別行政區維護國家安全形勢，規劃有關工作，制定香港特別行政區維護國家安全政策

    C. 推進香港特別行政區維護國家安全的法律制度和執行機制建設

    D. 協調香港特別行政區維護國家安全的重點工作和重大行動

5. 根據《中華人民共和國香港特別行政區維護國家安全法》第十八條，香港特別行政區律政司設立專門的＿＿＿＿＿＿，負責危害國家安全犯罪案件的檢控工作和其他相關法律事務。

    A. 維護國家安全調查課

    B. 危害國家安全罪行調查科

    C. 刑事檢控科(特別職務)

    D. 國家安全犯罪案件檢控部門

6. 根據《中華人民共和國香港特別行政區維護國家安全法》第二十條〈分裂國家罪〉，任何人組織、策劃、實施或者參與實施以下旨在 分裂國家、破壞國家統一 行為之一的，不論是否使用武力或者以武力相威脅，即屬犯罪：

(二) 非法改變香港特別行政區或者中華人民共和國其他任何部分的_____。

A. 國際地位

B. 經濟地位

C. 法律地位

D. 權力地位

7. 根據《中華人民共和國香港特別行政區維護國家安全法》第二十條〈分裂國家罪〉，任何人組織、策劃、實施或者參與實施以下旨在 分裂國家、破壞國家統一 行為之一的，不論是否使用武力或者以武力相威脅，即屬犯罪：

對 積極參加 的，處_____有期徒刑。

A. 二年以上五年以下

B. 三年以上十年以下

C. 五年以上十年以下

D. 十年以上二十年以下

8. 根據《中華人民共和國香港特別行政區維護國家安全法》第二十二條〈顛覆國家政權罪〉，任何人組織、策劃、實施或者參與實施以下以武力、威脅使用武力或者其他非法手段旨在 顛覆國家政權 行為之一的，即屬犯罪：

(三) 嚴重干擾、阻撓、破壞中華人民共和國中央政權機關或者香港特別行政區政權機關依法_____。

A. 管理職務

B. 執行職務

C. 處理職務

D. 履行職能

9. 根據《中華人民共和國香港特別行政區維護國家安全法》第二十九條〈勾結外國或者境外勢力危害國家安全罪〉，為外國或者境外機構、組織、人員竊取、刺探、收買、非法提供涉及國家安全的國家秘密或者情報的；請求外國或者境外機構、組織、人員實施，與外國或者境外機構、組織、人員串謀實施，或者直接或者間接接受外國或者境外機構、組織、人員的指使、控制、資助或者其他形式的支援實施 以下行為之一 的，均屬犯罪：

(二) 對香港特別行政區政府或者中央人民政府 制定 和 執行 法律、政策進行_____並可能造成嚴重後果。

A. 嚴重阻撓

B. 司法覆核

C. 司法審查

D. 覆核聆訊

10. 根據《中華人民共和國香港特別行政區維護國家安全法》第二十九條〈勾結外國或者境外勢力危害國家安全罪〉，為外國或者境外機構、組織、人員竊取、刺探、收買、非法提供涉及國家安全的國家秘密或者情報的；請求外國或者境外機構、組織、人員實施，與外國或者境外機構、組織、人員串謀實施，或者直接或者間接接受外國或者境外機構、組織、人員的指使、控制、資助或者其他形式的支援實施 以下行為之一 的，均屬犯罪：

(五) 通過各種非法方式引發香港特別行政區 居民 對中央人民政府或者香港特別行政區政府的_____並可能造成嚴重後果。

A. 仇恨

B. 痛恨

C. 憎惡

D. 憎恨

重點練習(八)答案
1. B   2. A   3. D   4. A   5. D
6. C   7. B   8. D   9. A   10. D

重點練習(九)

1. 根據《中華人民共和國香港特別行政區維護國家安全法》
    第十六條，警務處維護國家安全部門可以從香港特別行政
    區以外聘請合格的＿＿＿＿＿＿和＿＿＿＿＿＿，協助執行維
    護國家安全相關任務。

    A.　間諜人員和隱蔽人員

    B.　軍事人員和情報人員

    C.　專門人員和技術人員

    D.　特工人員和特務人員

2. 根據《中華人民共和國香港特別行政區維護國家安全法》
    第十九條，經行政長官批准，香港特別行政區政府財政司
    長應當從政府＿＿＿＿＿＿撥出專門款項支付關於維護國家
    安全的開支。

    A.　稅收之中

    B.　一般收入中

    C.　施政報告中

    D.　財政預算案中

3. 根據《中華人民共和國香港特別行政區維護國家安全法》第二十條〈分裂國家罪〉，任何人組織、策劃、實施或者參與實施以下旨在 分裂國家、破壞國家統一 行為之一的，不論是否使用武力或者以武力相威脅，即屬犯罪：

   對其他參加的，處＿＿＿＿＿＿有期徒刑、拘役或者管制。

   A. 一年以下

   B. 二年以下

   C. 三年以下

   D. 五年以下

4. 根據《中華人民共和國香港特別行政區維護國家安全法》第二十二條 〈顛覆國家政權罪〉，任何人組織、策劃、實施或者參與實施以下以武力、威脅使用武力或者其他非法手段旨在**顛覆國家政權**行為之一的，即屬犯罪：

   (三) 嚴重干擾、阻撓、破壞中華人民共和國中央政權機關或者香港特別行政區政權機關依法＿＿＿＿＿＿＿。

   A. 管理職務

   B. 執行職務

   C. 處理職務

   D. 履行職能

5. 根據《中華人民共和國香港特別行政區維護國家安全法》第二十六條　〈恐怖活動罪〉，為＿＿＿＿＿＿、＿＿＿＿＿＿、＿＿＿＿＿＿提供培訓、武器、信息、資金、物資、勞務、運輸、技術或者場所等支持、協助、便利，或者製造、非法管有爆炸性、毒害性、放射性、傳染病病原體等物質以及以其他形式準備實施恐怖活動的，即屬犯罪。

A. 破壞國家組織、破壞國家人員、破壞國家實施

B. 分裂國家組織、分裂國家人員、分裂國家實施

C. 顛覆國家組織、顛覆國家人員、顛覆國家實施

D. 恐怖活動組織、恐怖活動人員、恐怖活動實施

6. 根據《中華人民共和國香港特別行政區維護國家安全法》第二十九條〈勾結外國或者境外勢力危害國家安全罪〉，為外國或者境外機構、組織、人員竊取、刺探、收買、非法提供涉及國家安全的國家秘密或者情報的；請求外國或者境外機構、組織、人員實施，與外國或者境外機構、組織、人員串謀實施，或者直接或者間接接受外國或者境外機構、組織、人員的指使、控制、資助或者其他形式的支援實施**以下行為之一的**，均屬犯罪：

(一)對中華人民共和國發動戰爭，或者**以武力**或者**武力**相威脅，對中華人民共和國＿＿＿＿＿＿、＿＿＿＿＿＿和＿＿＿＿＿＿造成嚴重危害

A. 政治、統治和法治完整

B. 政權、治權和主權完整

C. 主權、統一和領土完整

D. 統一、統治和領土完整

7. 根據《中華人民共和國香港特別行政區維護國家安全法》第三十一條，公司、團體等**法人**或者**非法人組織**因犯本法規定的罪行受到刑事處罰的，應責令其_____或者_____或者_____。

    A. 停止運作 或者 終止其執照 或者 商業登記證
    B. 停止營業 或者 取消其執照 或者 商業登記冊
    C. 暫停營業 或者 撤銷其執照 或者 營業許可證
    D. 暫停運作 或者 吊銷其執照 或者 營業許可證

8. 根據《中華人民共和國香港特別行政區維護國家安全法》第三十三條：

    (一)在犯罪過程中，_____或者_____的，對有關犯罪行為人、犯罪嫌疑人、被告人可以從輕、減輕處罰；犯罪較輕的，可以免除處罰：

    A. 投案 或者 初犯
    B. 認罪 或者 自首及有悔意
    C. 犯罪未被發覺前 或者 自首並接受裁判
    D. 自動放棄犯罪 或者 自動有效地防止犯罪結果發生

9. 根據《中華人民共和國香港特別行政區維護國家安全法》第三十五條，曾經宣誓或者聲明擁護中華人民共和國香港特別行政區基本法、效忠中華人民共和國香港特別行政區的立法會議員、政府官員及公務人員、行政會議成員、法官及其他司法人員、區議員，即時_____，並喪失參選或者出任上述職務的資格。

    A. 作出起訴
    B. 提出檢控
    C. 喪失該等職務
    D. 停止該等職務

10. 根據《中華人民共和國香港特別行政區維護國家安全法》
第四十一條，未經律政司長書面同意，任何人不得就危害
國家安全犯罪案件＿＿＿＿＿＿。

A. 提出控訴

B. 提出訴訟

C. 提出檢控

D. 提出審理

重點練習(九)答案

1. C	2. B	3. C	4. D	5. D
6. C	7. D	8. D	9. C	10. C

重點練習(十)

1. 根據《中華人民共和國香港特別行政區維護國家安全
    法》第十三條，香港特別行政區維護國家安全委員會下
    設＿＿＿＿＿＿，由秘書長領導。

    A. 保安處

    B. 秘書處

    C. 執行處

    D. 國家安全處

2. 根據《中華人民共和國香港特別行政區維護國家安全法》
    第十八條，國家安全犯罪案件檢控部門檢控官由律政司長
    徵得＿＿＿＿＿＿同意後任命。

    A. 保安局局長

    B. 香港特別行政區行政長官

    C. 香港警務處國家安全處處長

    D. 香港特別行政區維護國家安全委員會

3. 根據《中華人民共和國香港特別行政區維護國家安全法》
   第二十條〈分裂國家罪〉，任何人組織、策劃、實施或者
   參與實施以下旨在**分裂國家、破壞國家統**一行為之一的，
   不論是否使用武力或者以武力相威脅，即屬犯罪：

   (一) 將香港特別行政區或者中華人民共和國其他任何部分
   從中華人民共和國＿＿＿＿＿＿出去。

   A. 分離
   B. 分裂
   C. 分割
   D. 割讓

4. 根據《中華人民共和國香港特別行政區維護國家安全法》
   第二十二條 〈顛覆國家政權罪〉，任何人組織、策劃、
   實施或者參與實施以下以武力、威脅使用武力或者其他非
   法手段旨在**顛覆國家政權**行為之一的，即屬犯罪：

   (四)攻擊、破壞香港特別行政區＿＿＿＿＿＿履職場所及其
   設施，致使其無法正常履行職能。

   A. 立法機關
   B. 行政機關
   C. 執法機關
   D. 政權機關

5. 根據《中華人民共和國香港特別行政區維護國家安全法》
第二十七條〈恐怖活動罪〉，宣揚恐怖主義、＿＿＿＿＿＿
實施恐怖活動的，即屬犯罪。

A. 策劃
B. 籌劃
C. 煽動
D. 協助

6. 根據《中華人民共和國香港特別行政區維護國家安全法》
第二十九條〈勾結外國或者境外勢力危害國家安全罪〉，
為外國或者境外機構、組織、人員竊取、刺探、收買、非
法提供涉及國家安全的國家秘密或者情報的；請求外國或
者境外機構、組織、人員實施，與外國或者境外機構、組
織、人員串謀實施，或者直接或者間接接受外國或者境外
機構、組織、人員的指使、控制、資助或者其他形式的支
援實施 以下行為之一 的，均屬犯罪：

(三) 對香港特別行政區 選舉 進行＿＿＿＿＿＿、＿＿＿＿＿＿
並可能造成嚴重後果。

A. 抹黑、造謠
B. 操控、破壞
C. 干擾、舞弊
D. 干預、誤導

7. 根據《中華人民共和國香港特別行政區維護國家安全法》第三十二條，因實施本法規定的犯罪而獲得的資助、收益、報酬等違法所得以及用於或者意圖用於犯罪的資金和工具，應當予以＿＿＿＿＿、＿＿＿＿＿。

A. 充公、沒收
B. 追繳、沒收
C. 上繳、沒收
D. 凍結、沒收

8. 根據《中華人民共和國香港特別行政區維護國家安全法》第三十三條：

(三)揭發他人犯罪行為，查證屬實，或者提供重要線索得以偵破其他案件的＿＿＿＿＿、＿＿＿＿＿、＿＿＿＿＿可以從輕、減輕處罰；犯罪較輕的，可以免除處罰。

A. 犯罪疑人、涉案人、被告
B. 犯罪疑犯、被捕者、被告
C. 犯罪人士、羈留人士、通緝人士
D. 犯罪行為人、犯罪嫌疑人、被告人

9. 根據《中華人民共和國香港特別行政區維護國家安全法》第四十一條，香港特別行政區管轄的危害國家安全犯罪案件的審判循＿＿＿＿＿進行。

A. 公訴程序
B. 公開程序
C. 公正程序
D. 公平程序

10. 根據《中華人民共和國香港特別行政區維護國家安全法》第四十六條，對高等法院原訟法庭進行的就危害國家安全犯罪案件提起的刑事檢控程序，律政司長可基於保護國家秘密、案件具有涉外因素或者保障陪審員及其家人的人身安全等理由，發出證書指示相關訴訟**毋須**在有_____的情況下進行審理。

   A. 陪審團
   B. 獨立證人
   C. 專家證人
   D. 辯護律師

重點練習(十)答案

1. B	2. D	3. A	4. D	5. C
6. B	7. B	8. D	9. A	10. A

看得喜 放不低

創出喜閱新思維

書名	投考公務員 題解EASY PASS 基本法及國安法測試 修訂第四版
ISBN	978-988-76628-4-6
定價	HK$138
出版日期	2023年2月
作者	Mark Sir
責任編輯	投考公務員系列編輯部
版面設計	陳沐
出版	文化會社有限公司
電郵	editor@culturecross.com
網址	www.culturecross.com
發行	聯合新零售（香港）有限公司
	地址：香港鰂魚涌英皇道1065號東達中心1304-06室
	電話：（852）2963 5300
	傳真：（852）2565 0919

網上購買 請登入以下網址：

一本 My Book One　　　香港書城 Hong Kong Book City
🌐 (www.mybookone.com.hk)　🌐 (www.hkbookcity.com)